建筑工程消防安全知识

广东省建设教育协会　组织编写

U0299789

中国建筑工业出版社

图书在版编目（CIP）数据

建筑工程消防安全知识/广东省建设教育协会组织编写.
—北京：中国建筑工业出版社，2018.1
ISBN 978-7-112-21667-3

I.①建… Ⅱ.①广… Ⅲ.①建筑工程-消防 Ⅳ.①TU892

中国版本图书馆 CIP 数据核字（2017）第 316822 号

　　本书共分为五章，内容主要包括：消防法律法规，防火基本知识，施工现场消防安全措施，消防安全教育培训、应急演练及疏散逃生，火灾案例分析。

　　本书内容翔实、简明扼要、实用性强，可供建筑施工人员、工程项目管理人员及相关专业从业人员参考使用。

责任编辑：李　明　李　阳　张晨曦　赵云波
责任设计：李志立
责任校对：李欣慰

建筑工程消防安全知识
广东省建设教育协会　组织编写
*
中国建筑工业出版社出版、发行（北京海淀三里河路9号）
各地新华书店、建筑书店经销
北京佳捷真科技发展有限公司制版
北京建筑工业印刷厂印刷
*
开本：850×1168毫米　1/32　印张：3⅛　字数：81千字
2018年3月第一版　2019年9月第二次印刷
定价：**25.00**元
ISBN 978-7-112-21667-3
（31519）

本书编委会

主　　编：郭　超　陈泽攀

副 主 编：阚咏梅　陆征然　李斌汉

参编人员：王海东　王敬一　石小虎　李保国

　　　　　张晓利　陈成广　鲁卫涛　管小军

　　　　　穆占欣　姚毅文　陈晋泉

前　言

消防安全作为工程项目中不可或缺的内容，在建筑施工安全中的地位尤为重要。近年来随着我国建筑业的蓬勃发展，建筑施工消防安全日益受到人们关注。在建筑施工过程中，由于受到各种因素的影响，导致火灾隐患丛生、火灾事故频发，造成的人身伤害及财产损失极为严重。这就需要施工人员及早树立消防意识，加强消防知识及消防技能的学习，同时对施工现场消防管理严格把控，落实消防责任制度，从各环节源头上排除火灾隐患，确保施工过程中的消防安全。基于此，我们组织编写了此书。

本书以《中华人民共和国消防法》、《中华人民共和国刑法》等相关法律法规和相关部门规章为依据，结合现行国家标准《建筑设计防火规范》GB50016—2014、《建设工程施工现场消防安全技术规范》GB50720—2011、《建筑消防设施的维护管理》GB25201—2010、《生产经营单位安全生产事故应急预案编制导则》GB/T 29639—2013等规范，以及施工现场消防经验、火灾案例进行编写。本书共分为五章，内容主要包括：消防法律法规，防火基本知识，施工现场消防安全措施，消防安全教育培训、应急演练及疏散逃生，火灾案例分析。

本书力求内容翔实、简明扼要、实用性强、可供建筑施工人员、工程项目管理人员及相关专业从业人员参考使用。

本书由沈阳建筑大学郭超、广东省建设教育协会陈泽攀主编，中建一局培训中心阚咏梅、沈阳建筑大学陆征然、广东建设职业技术学院李斌汉担任副主编，河北省衡水市建设工程质量监督站王敬一、河北省廊坊市公安消防支队李保国、山东德建集团有限公司王海东、陈成广、中国建设教育协会建设机械职业教育专业委员会鲁卫涛、中国建筑科学研究院建筑机械化研究分院石小虎、宁波宁大工程建设监理有限公司管小军、中国建筑第七工程局有限公司华北公司张晓利、肇庆市建设教育培训中心穆占欣、佛山市思成建设培训中心姚毅文、惠州市建筑技术职业培训中心陈晋泉参与编写，广东建设职业技术学院饶武主审。

由于编著者水平有限，书中难免存在疏漏，希望广大读者指正。

目　　录

一、消防法律法规

（一）法律节选

1.《中华人民共和国消防法》

《中华人民共和国消防法》以下简称《消防法》）于 1998 年 4 月 29 日第九届全国人民代表大会常务委员会第二次会议通过。自 1998 年 9 月 1 日起施行。2008 年 10 月 28 日第十一届全国人民代表大会常务委员会第五次会议修订通过，自 2009 年 5 月 1 日起施行。共七章七十四条。

（1）总则

第一条 为了预防火灾和减少火灾危害，加强应急救援工作，保护人身、财产安全，维护公共安全，制定本法。

第二条 消防工作贯彻预防为主、防消结合的方针，按照政府统一领导、部门依法监管、单位全面负责、公民积极参与的原则，实行消防安全责任制，建立健全社会化的消防工作网络。

（2）火灾预防

第五条 任何单位和个人都有维护消防安全、保护消防设施、预防火灾、报告火警的义务。任何单位和成年人都有参加有组织的灭火工作的义务。

第六条 各级人民政府应当组织开展经常性的消防宣传教育，提高公民的消防安全意识。机关、团体、企业、事业等单位，应当加强对本单位人员的消防宣传教育。公安机关及其消防机构应当加强消防法律、法规的宣传，并督促、指导、协助有关单位做好消防宣传教育工作。教育、人力资源行政主管部门和学校、有关职业培训机构应当将消防知识纳入教育、教学、培训的内容。新闻、广播、电视等有关单位，应当有针对性地面向社会进行消防宣传教育。工会、共产主义青年团、妇女联合会等团体应当结合各自工作对象的特点，组织开展消防宣传教育。村民委员会、居民委员会应当协助人民政府以及公安机关等部门，加强消防宣传教育。

第九条　建设工程的消防设计、施工必须符合国家工程建设消防技术标准。建设、设计、施工、工程监理等单位依法对建设工程的消防设计、施工质量负责。

第十条　按照国家工程建设消防技术标准需要进行消防设计的建设工程，除本法第十一条另有规定的外，建设单位应当自依法取得施工许可之日起七个工作日内，将消防设计文件报公安机关消防机构备案，公安机关消防机构应当进行抽查。

第十一条　国务院公安部门规定的大型的人员密集场所和其他特殊建设工程，建设单位应当将消防设计文件报送公安机关消防机构审核。公安机关消防机构依法对审核的结果负责。

第十二条　依法应当经公安机关消防机构进行消防设计审核的建设工程，未经依法审核或者审核不合格的，负责审批该工程施工许可的部门不得给予施工许可，建设单位、施工单位不得施工；其他建设工程取得施工许可后经依法抽查不合格的，应当停止施工。

第十三条　按照国家工程建设消防技术标准需要进行消防设计的建设工程竣工，依照下列规定进行消防验收、备案：

1）本法第十一条规定的建设工程，建设单位应当向公安机关消防机构申请消防验收；

2）其他建设工程，建设单位在验收后应当报公安机关消防机构备案，公安机关消防机构应当进行抽查。

依法应当进行消防验收的建设工程，未经消防验收或者消防验收不合格的，禁止投入使用；其他建设工程经依法抽查不合格的，应当停止使用。

第十四条　建设工程消防设计审核、消防验收、备案和抽查的具体办法，由国务院公安部门规定。

第十六条　机关、团体、企业、事业等单位应当履行下列消防安全职责：

1）落实消防安全责任制，制定本单位的消防安全制度、消防安全操作规程，制定灭火和应急疏散预案；

2）按照国家标准、行业标准配置消防设施、器材，设置消防安全标志，并定期组织检验、维修，确保完好有效；

3）对建筑消防设施每年至少进行一次全面检测，确保完好有效，检测记录应当完整准确，存档备查；

4）保障疏散通道、安全出口、消防车通道畅通，保证防火防烟分区、防火间距符合消防技术标准；

5）组织防火检查，及时消除火灾隐患；

6）组织进行有针对性的消防演练；

7）法律、法规规定的其他消防安全职责。单位的主要负责人是本单位的消防安全责任人。

第十七条　消防安全重点单位除应当履行本法第十六条规定的职责外，还应当履行下列消防安全职责：

1）确定消防安全管理人，组织实施本单位的消防安全管理工作；

2）建立消防档案，确定消防安全重点部位，设置防火标志，实行严格管理；

3）实行每日防火巡查，并建立巡查记录；

4）对职工进行岗前消防安全培训，定期组织消防安全培训和消防演练。

第十八条　同一建筑物由两个以上单位管理或者使用的，应当明确各方的消防安全责任，并确定责任人对共用的疏散通道、安全出口、建筑消防设施和消防车通道进行统一管理。住宅区的物业服务企业应当对管理区域内的共用消防设施进行维护管理，提供消防安全防范服务。

第十九条　生产、储存、经营易燃易爆危险品的场所不得与居住场所设置在同一建筑物内，并应当与居住场所保持安全距离。

生产、储存、经营其他物品的场所与居住场所设置在同一建筑物内的，应当符合国家工程建设消防技术标准。

第二十一条　禁止在具有火灾、爆炸危险的场所吸烟、使用明火。因施工等特殊情况需要使用明火作业的，应当按照规定事先办理审批手续，采取相应的消防安全措施；作业人员应当遵守消防安全规定。

进行电焊、气焊等具有火灾危险作业的人员和自动消防系统的操作人员，必须持证上岗，并遵守消防安全操作规程。

第二十八条　任何单位、个人不得损坏、挪用或者擅自拆除、停用消防设施、器材，不得埋压、圈占、遮挡消火栓或者占用防火间距，不得占用、堵塞、封闭疏散通道、安全出口、消防车通道。人员密集场所的门窗不得设置影响逃生和灭火救援的障碍物。

第三十四条　消防产品质量认证、消防设施检测、消防安全监测等消防技术服务机构和执业人员，应当依法获得相应的资质、资格；依照法律、行政法规、国家标准、行业标准和执业准则，接受委托提供消防技术服务，并对服务质量负责。

第五十一条　公安机关消防机构有权根据需要封闭火灾现场，负责调查火灾原因，统计火灾损失。火灾扑灭后，发生火灾的单位和相关人员应当按照公安机关消防机构的要求保护现场，接受事故调查，如实提供与火灾有关的情况。

第七十条　被责令停止施工、停止使用、停产停业的，应当在整改后向公安机关消防机构报告，经公安机关消防机构检查合格，方可恢复施工、使用、生产、经营。当事人逾期不执行停产停业、停止使用、停止施工决定的，由作出决定的公安机关消防机构强制执行。责令停产停业，对经济和社会生活影响较大的，由公安机关消防机构提出意见，并由公安机关报请本级人民政府依法决定。本级人民政府组织公安机关等部门实施。

（3）消防组织

第三十五条　各级人民政府应当加强消防组织建设，根据经济和社会发展的需要，建立多种形式的消防组织，加强消防技术人才培养，增强火灾预防、扑救和应急救援的能力。

第三十六条　县级以上地方人民政府应当按照国家规定建立公安消防队、专职消防队，并按照国家标准配备消防装备，承担火灾扑救工作。

乡镇人民政府应当根据当地经济发展和消防工作的需要，建立专职消防队、志愿消防队，承担火灾扑救工作。

第三十七条　公安消防队、专职消防队依照国家规定承担重大灾害事故和其他以抢救人员生命为主的应急救援工作。

（4）灭火救援

第四十四条　任何人发现火灾都应当立即报警。任何单位、个人都应当无偿为报警提供便利，不得阻拦报警。严禁谎报火警。

人员密集场所发生火灾，该场所的现场工作人员应当立即组织、引导在场人员疏散。任何单位发生火灾，必须立即组织力量扑救。邻近单位应当给予支援。消防队接到火警，必须立即赶赴火灾现场，救助遇险人员，排除险情，扑灭火灾。

第四十五条　公安机关消防机构统一组织和指挥火灾现场扑救，应当优先保障遇险人员的生命安全。

火灾现场总指挥根据扑救火灾的需要，有权决定下列事项：

1）使用各种水源；

2）截断电力、可燃气体和可燃液体的输送，限制用火用电；

3）划定警戒区，实行局部交通管制；

4）利用邻近建筑物和有关设施；

5）为了抢救人员和重要物资，防止火势蔓延，拆除或者破损毗邻火灾现场的建筑物、构筑物或者设施等；

6）调动供水、供电、供气、通信、医疗救护、交通运输、环境保护等有关单位协助灭火救援。

根据扑救火灾的紧急需要，有关地方人民政府应当组织人员、调集所需物资支援灭火。

第四十七条 消防车、消防艇前往执行火灾扑救或者应急救援任务，在确保安全的前提下，不受行驶速度、行驶路线、行驶方向和指挥信号的限制，其他车辆、船舶以及行人应当让行，不得穿插超越；收费公路、桥梁免收车辆通行费。交通管理指挥人员应当保证消防车、消防艇迅速通行。

赶赴火灾现场或者应急救援现场的消防人员和调集的消防装备、物资，需要铁路、水路或者航空运输的，有关单位应当优先运输。

（5）监督检查

第五十二条 地方各级人民政府应当落实消防工作责任制，对本级人民政府有关部门履行消防安全职责的情况进行监督检查。

县级以上地方人民政府有关部门应当根据本系统的特点，有针对性地开展消防安全检查，及时督促整改火灾隐患。

第五十三条 公安机关消防机构应当对机关、团体、企业、事业等单位遵守消防法律、法规的情况依法进行监督检查。公安派出所可以负责日常消防监督检查、开展消防宣传教育，具体办法由国务院公安部门规定。

公安机关消防机构、公安派出所的工作人员进行消防监督检查，应当出示证件。

第五十七条 公安机关消防机构及其工作人员执行职务，应当自觉接受社会和公民的监督。

任何单位和个人都有权对公安机关消防机构及其工作人员在执法中的违法行为进行检举、控告。收到检举、控告的机关，应当按照职责及时查处。

（6）法律责任

第五十八条 违反本法规定，有下列行为之一的，责令停止施工、停止使用或者停产停业，并处三万元以上三十万元以下罚款：

1）依法应当经公安机关消防机构进行消防设计审核的建设工程，未经依法审核或者审核不合格，擅自施工的；

2）消防设计经公安机关消防机构依法抽查不合格，不停止施工的；

3）依法应当进行消防验收的建设工程，未经消防验收或者消防验收不合格，擅自投入使用的；

4）建设工程投入使用后经公安机关消防机构依法抽查不合格，不停止使用的；

5）公众聚集场所未经消防安全检查或者经检查不符合消防安全要求，擅自投入使用、营业的。

建设单位未依照本法规定将消防设计文件报公安机关消防机构备案，或者在竣工后未依照本法规定报公安机关消防机构备案的，责令限期改正，处五千元以下罚款。

2.《刑法》及相关法规

《中华人民共和国刑法》（以下简称《刑法》）由 1979 年 7 月 1 日第五届全国人民代表大会第二次会议通过，1979 年 7 月 6 日全国人民代表大会常务委员会委员长令第五号公布，自 1980 年 1 月 1 日起施行。其中有关涉及消防安全内容如下：

（1）失火案

最高人民检察院、公安部《关于公安机关管辖的刑事案件立案追诉标准的规定（一）》（公通字〔2008〕36 号）〔以下简称《规定（一）》〕第一条规定：过失引起火灾，涉嫌下列情形之一的，应予立案追诉：

1）导致死亡一人以上，或者重伤三人以上的；

2）造成公共财产或者他人财产直接经济损失五十万元以上的；

3）造成十户以上家庭的房屋以及其他基本生活资料烧毁的；

4）造成森林火灾，过火有林地面积二公顷以上，或者过火疏林地、灌木林地、未成林地、苗圃地面积四公顷以上的；

5）其他造成严重后果的情形。

量刑标准如下：

《刑法》第一百一十五条第二款规定，过失引起失火的，处三年以上七年以下有期徒刑；情节较轻的，处三年以下有期徒刑或者拘役。

（2）消防责任事故罪

《规定（一）》第十五条规定：违反消防管理法规，经消防监督机构通知采取改正措施而拒绝执行，涉嫌下列情形之一的，应予立案追诉：

1）造成死亡一人以上，或者重伤三人以上；

2）造成直接经济损失五十万元以上的；

3）造成森林火灾，过火有林地面积二公顷以上，或者过火疏林地、灌木林地、未成林地、苗圃地面积四公顷以上的；

4）其他造成严重后果的情形。

量刑标准如下：

违反消防管理法规，经消防监督机构通知采取改正措施而拒绝执行，造成严重后果的，对直接责任人员，处三年以下有期徒刑或者拘役；后果特别严重的，处三年以上七年以下有期徒刑。

在安全事故发生后，负有报告职责的人员不报或者谎报事故情况，贻误事故抢救，情节严重的，处三年以下有期徒刑或者拘役；情节特别严重的，处三年以上七年以下有期徒刑。

（3）重大责任事故罪

《规定（一）》第八条规定：在生产、作业中违反有关安全管理的规定，涉嫌下列情形之一的，应予立案追诉：

1）造成死亡一人以上，或者重伤三人以上；

2）造成直接经济损失五十万元以上的；

3）发生矿山生产安全事故，造成直接经济损失一百万元以上的；

4）其他造成严重后果的情形。

量刑标准如下：

在生产、作业中违反有关安全管理的规定，因而发生重大伤亡事故或者造成其他严重后果的，处三年以下有期徒刑或者拘役；情节特别恶劣的，处三年以上七年以下有期徒刑。

（4）强令他人违章冒险作业罪

《规定（一）》第九条规定：强令他人违章冒险作业，涉嫌下列情形之一的，应予立案追诉：

1）造成死亡一人以上，或者重伤三人以上；

2）造成直接经济损失五十万元以上的；

3）发生矿山生产安全事故，造成直接经济损失一百万元以上的；

4）其他造成严重后果的情形。

量刑标准如下：

强令他人违章冒险作业，因而发生重大伤亡事故或者造成其他严重后果的，处五年以下有期徒刑或者拘役；情节特别恶劣的，处五年以上有期徒刑。

（5）重大劳动安全事故罪

《规定（一）》第十条规定：安全生产设施或者安全生产条件不符合国家规定，涉嫌下列情形之一的，应予立案追诉：

1）造成死亡一人以上，或者重伤三人以上；

2）造成直接经济损失五十万元以上的；

3）发生矿山生产安全事故，造成直接经济损失一百万元以上的；

4）其他造成严重后果的情形。

量刑标准如下：

安全生产设施或者安全生产条件不符合国家规定，因而发生重大伤亡事故或者造成其他严重后果的，对直接负责的主管人员和其他直接责任人员，处三年以下有期徒刑或者拘役；情节特别恶劣的，处三年以上七年以下有期徒刑。

（二）规章节选

1.《机关、团体、企业、事业单位消防安全管理规定》（公安部令第 61 号）

《机关、团体、企业、事业单位消防安全管理规定》（公安部令第 61 号）（以下简称《消防安全管理规定》）于 2001 年 10 月 19 日公安部部长办公会议通过，现予发布，自 2002 年 5 月 1 日起施行。

（1）消防安全责任

第六条 单位的消防安全责任人应当履行下列消防安全职责：

1）贯彻执行消防法规，保障单位消防安全符合规定，掌握本单位的消防安全情况；

2）将消防工作与本单位的生产、科研、经营、管理等活动统筹安排，批准实施年度消防工作计划；

3）为本单位的消防安全提供必要的经费和组织保障；

4）确定逐级消防安全责任，批准实施消防安全制度和保障消防安全的操作规程；

5）组织防火检查，督促落实火灾隐患整改，及时处理涉及消防安全的重大问题；

6）根据消防法规的规定建立专职消防队、义务消防队；

7）组织制定符合本单位实际的灭火和应急疏散预案，并实施演练。

第七条 单位可以根据需要确定本单位的消防安全管理人。消防安全管理人对单位的消防安全责任人负责，实施和组织落实下列消防安全管理工作：

1）拟订年度消防工作计划，组织实施日常消防安全管理工作；

2）组织制订消防安全制度和保障消防安全的操作规程并检查督促其落实；

3）拟订消防安全工作的资金投入和组织保障方案；

4）组织实施防火检查和火灾隐患整改工作；

5）组织实施对本单位消防设施、灭火器材和消防安全标志的维护保养，确保其完好有效，确保疏散通道和安全出口畅通；

6）组织管理专职消防队和义务消防队；

7）在员工中组织开展消防知识、技能的宣传教育和培训，

组织灭火和应急疏散预案的实施和演练;

8)单位消防安全责任人委托的其他消防安全管理工作。

消防安全管理人应当定期向消防安全责任人报告消防安全情况,及时报告涉及消防安全的重大问题。未确定消防安全管理人的单位,前款规定的消防安全管理工作由单位消防安全责任人负责实施。

(2)消防安全管理

第十二条 建筑工程施工现场的消防安全由施工单位负责。实行施工总承包的,由总承包单位负责。分包单位向总承包单位负责,服从总承包单位对施工现场的消防安全管理。

对建筑物进行局部改建、扩建和装修的工程,建设单位应当与施工单位在订立的合同中明确各方对施工现场的消防安全责任。

第十三条 下列范围的单位是消防安全重点单位,应当按照本规定的要求,实行严格管理:

1)商场(市场)、宾馆(饭店)、体育场(馆)、会堂、公共娱乐场所等公众聚集场所(以下统称公众聚集场所);

2)医院、养老院和寄宿制的学校、托儿所、幼儿园;

3)国家机关;

4)广播电台、电视台和邮政、通信枢纽;

5)客运车站、码头、民用机场;

6)公共图书馆、展览馆、博物馆、档案馆以及具有火灾危险性的文物保护单位;

7)发电厂(站)和电网经营企业;

8)易燃易爆化学物品的生产、充装、储存、供应、销售单位;

9)服装、制鞋等劳动密集型生产、加工企业;

10)重要的科研单位;

11)其他发生火灾可能性较大以及一旦发生火灾可能造成重大人身伤亡或者财产损失的单位。

高层办公楼（写字楼）、高层公寓楼等高层公共建筑，城市地下铁道、地下观光隧道等地下公共建筑和城市重要的交通隧道，粮、棉、木材、百货等物资集中的大型仓库和堆场，国家和省级等重点工程的施工现场，应当按照本规定对消防安全重点单位的要求，实行严格管理。

第十五条　消防安全重点单位应当设置或者确定消防工作的归口管理职能部门，并确定专职或者兼职的消防管理人员；其他单位应当确定专职或者兼职消防管理人员，可以确定消防工作的归口管理职能部门。归口管理职能部门和专兼职消防管理人员在消防安全责任人或者消防安全管理人的领导下开展消防安全管理工作。

第十八条　单位应当按照国家有关规定，结合本单位的特点，建立健全各项消防安全制度和保障消防安全的操作规程，并公布执行。

单位消防安全制度主要包括以下内容：消防安全教育、培训；防火巡查、检查；安全疏散设施管理；消防（控制室）值班；消防设施、器材维护管理；火灾隐患整改；用火、用电安全管理；易燃易爆危险物品和场所防火防爆；专职和义务消防队的组织管理；灭火和应急疏散预案演练；燃气和电气设备的检查和管理（包括防雷、防静电）；消防安全工作考评和奖惩；其他必要的消防安全内容。

第十九条　单位应当将容易发生火灾、一旦发生火灾可能严重危及人身和财产安全以及对消防安全有重大影响的部位确定为消防安全重点部位，设置明显的防火标志，实行严格管理。

第二十条　单位应当对动用明火实行严格的消防安全管理。禁止在具有火灾、爆炸危险的场所使用明火；因特殊情况需要进行电、气焊等明火作业的，动火部门和人员应当按照单位的用火管理制度办理审批手续，落实现场监护人，在确认无火灾、爆炸危险后方可动火施工。动火施工人员应当遵守消防安全规定，并落实相应的消防安全措施。

公众聚集场所或者两个以上单位共同使用的建筑物局部施工需要使用明火时，施工单位和使用单位应当共同采取措施，将施工区和使用区进行防火分隔，清除动火区域的易燃、可燃物，配置消防器材，专人监护，保证施工及使用范围的消防安全。

公共娱乐场所在营业期间禁止动火施工。

第二十一条 单位应当保障疏散通道、安全出口畅通，并设置符合国家规定的消防安全疏散指示标志和应急照明设施，保持防火门、防火卷帘、消防安全疏散指示标志、应急照明、机械排烟送风、火灾事故广播等设施处于正常状态。

严禁下列行为：

1）占用疏散通道；

2）在安全出口或者疏散通道上安装栅栏等影响疏散的障碍物；

3）在营业、生产、教学、工作等期间将安全出口上锁、遮挡或者将消防安全疏散指示标志遮挡、覆盖；

4）其他影响安全疏散的行为。

第二十二条 单位应当遵守国家有关规定，对易燃易爆危险物品的生产、使用、储存、销售、运输或者销毁实行严格的消防安全管理。

第二十三条 单位应当根据消防法规的有关规定，建立专职消防队、义务消防队，配备相应的消防装备、器材，并组织开展消防业务学习和灭火技能训练，提高预防和扑救火灾的能力。

第二十四条 单位发生火灾时，应当立即实施灭火和应急疏散预案，务必做到及时报警，迅速扑救火灾，及时疏散人员。邻近单位应当给予支援。任何单位、人员都应当无偿为报火警提供便利，不得阻拦报警。

单位应当为公安消防机构抢救人员、扑救火灾提供便利和条件。

火灾扑灭后，起火单位应当保护现场，接受事故调查，如实提供火灾事故的情况，协助公安消防机构调查火灾原因，核定火灾损失，查明火灾事故责任。未经公安消防机构同意，不得擅自清理火灾现场。

（3）防火检查

第二十五条 消防安全重点单位应当进行每日防火巡查，并确定巡查的人员、内容、部位和频次。其他单位可以根据需要组织防火巡查。巡查的内容应当包括：

1）用火、用电有无违章情况；

2）安全出口、疏散通道是否畅通，安全疏散指示标志、应急照明是否完好；

3）消防设施、器材和消防安全标志是否在位、完整；

4）常闭式防火门是否处于关闭状态，防火卷帘下是否堆放物品影响使用；

5）消防安全重点部位的人员在岗情况；

6）其他消防安全情况。

公众聚集场所在营业期间的防火巡查应当至少每2小时一次；营业结束时应当对营业现场进行检查，消除遗留火种。医院、养老院、寄宿制的学校、托儿所、幼儿园应当加强夜间防火巡查，其他消防安全重点单位可以结合实际组织夜间防火巡查。

防火巡查人员应当及时纠正违章行为，妥善处置火灾危险，无法当场处置的，应当立即报告。发现初起火灾应当立即报警并及时扑救。

防火巡查应当填写巡查记录，巡查人员及其主管人员应当在巡查记录上签名。

第二十六条 机关、团体、事业单位应当至少每季度进行一次防火检查，其他单位应当至少每月进行一次防火检查。检查的内容应当包括：

1）火灾隐患的整改情况以及防范措施的落实情况；

2）安全疏散通道、疏散指示标志、应急照明和安全出口情况；

3）消防车通道、消防水源情况；

4）灭火器材配置及有效情况；

5）用火、用电有无违章情况；

6）重点工种人员以及其他员工消防知识的掌握情况；

7）消防安全重点部位的管理情况；

8）易燃易爆危险物品和场所防火防爆措施的落实情况以及其他重要物资的防火安全情况；

9）消防（控制室）值班情况和设施运行、记录情况；

10）防火巡查情况；

11）消防安全标志的设置情况和完好、有效情况；

12）其他需要检查的内容。

防火检查应当填写检查记录。检查人员和被检查部门负责人应当在检查记录上签名。

（4）火灾隐患整改

《消防安全管理规定》第三十一条规定，对下列违反消防安全规定的行为，单位应当责成有关人员当场改正并督促落实：

1）违章进入生产、储存易燃易爆危险物品场所的；

2）违章使用明火作业或者在具有火灾、爆炸危险的场所吸烟、使用明火等违反禁令的；

3）将安全出口上锁、遮挡，或者占用、堆放物品影响疏散通道畅通的；

4）消火栓、灭火器材被遮挡影响使用或者被挪作他用的；

5）常闭式防火门处于开启状态，防火卷帘下堆放物品影响使用的；

6）消防设施管理、值班人员和防火巡查人员脱岗的；

7）违章关闭消防设施、切断消防电源的；

8）其他可以当场改正的行为。

违反前款规定的情况以及改正情况应当有记录并存档备查。

第三十二条 对不能当场改正的火灾隐患，消防工作归口管理职能部门或者专兼职消防管理人员应当根据本单位的管理分工，及时将存在的火灾隐患向单位的消防安全管理人或者消防安全责任人报告，提出整改方案。消防安全管理人或者消防安全责任人应当确定整改的措施、期限以及负责整改的部门、人员，并落实整改资金。

在火灾隐患未消除之前，单位应当落实防范措施，保障消防安全。不能确保消防安全，随时可能引发火灾或者一旦发生火灾将严重危及人身安全的，应当将危险部位停产停业整改。

（5）消防安全宣传教育和培训

第三十六条 单位应当通过多种形式开展经常性的消防安全宣传教育。消防安全重点单位对每名员工应当至少每年进行一次消防安全培训。宣传教育和培训内容应当包括：

1）有关消防法规、消防安全制度和保障消防安全的操作规程；

2）本单位、本岗位的火灾危险性和防火措施；

3）有关消防设施的性能、灭火器材的使用方法；

4）报火警、扑救初起火灾以及自救逃生的知识和技能。

公众聚集场所对员工的消防安全培训应当至少每半年进行一次，培训的内容还应当包括组织、引导在场群众疏散的知识和技能。

单位应当组织新上岗和进入新岗位的员工进行上岗前的消防安全培训。

第三十七条 公众聚集场所在营业、活动期间，应当通过张贴图画、广播、闭路电视等向公众宣传防火、灭火、疏散逃生等常识。

学校、幼儿园应当通过寓教于乐等多种形式对学生和幼儿进行消防安全常识教育。

（6）灭火、应急疏散预案和演练

第三十九条 消防安全重点单位制定的灭火和应急疏散预案应当包括下列内容：

1）组织机构，包括：灭火行动组、通讯联络组、疏散引导组、安全防护救护组；

2）报警和接警处置程序；

3）应急疏散的组织程序和措施；

4）扑救初起火灾的程序和措施；

5）通讯联络、安全防护救护的程序和措施。

（7）消防档案

第四十条　消防安全重点单位应当按照灭火和应急疏散预案，至少每半年进行一次演练，并结合实际，不断完善预案。其他单位应当结合本单位实际，参照制定相应的应急方案，至少每年组织一次演练。消防演练时，应当设置明显标识并事先告知演练范围内的人员。

第四十一条　消防安全重点单位应当建立健全消防档案。消防档案应当包括消防安全基本情况和消防安全管理情况。消防档案应当详实，全面反映单位消防工作的基本情况，并附有必要的图表，根据情况变化及时更新。

单位应当对消防档案统一保管、备查。

第四十二条　消防安全基本情况应当包括以下内容：

1）单位基本概况和消防安全重点部位情况；

2）建筑物或者场所施工、使用或者开业前的消防设计审核、消防验收以及消防安全检查的文件、资料；

3）消防管理组织机构和各级消防安全责任人；

4）消防安全制度；

5）消防设施、灭火器材情况；

6）专职消防队、义务消防队人员及其消防装备配备情况；

7）与消防安全有关的重点工种人员情况；

8）新增消防产品、防火材料的合格证明材料；

9）灭火和应急疏散预案。

第四十三条　消防安全管理情况应当包括以下内容：

1）公安消防机构填发的各种法律文书；

2）消防设施定期检查记录、自动消防设施全面检查测试的报告以及维修保养的记录；

3）火灾隐患及其整改情况记录；

4）防火检查、巡查记录；

5）有关燃气、电气设备检测（包括防雷、防静电）等记录资料；

6）消防安全培训记录；

7）灭火和应急疏散预案的演练记录；

8）火灾情况记录；

9）消防奖惩情况记录。

（8）奖惩措施

第四十五条 单位应当将消防安全工作纳入内部检查、考核、评比内容。对在消防安全工作中成绩突出的部门（班组）和个人，单位应当给予表彰奖励。对未依法履行消防安全职责或者违反单位消防安全制度的行为，应当依照有关规定对责任人员给予行政纪律处分或者其他处理。

第四十六条 违反本规定，依法应当给予行政处罚的，依照有关法律、法规予以处罚；构成犯罪的，依法追究刑事责任。

2.《社会消防安全教育培训规定》（公安部令第 109 号）

《社会消防安全教育培训规定》于 2008 年 12 月 30 日公安部办公会议通过，并经教育部、民政部、人力资源和社会保障部、住房和城乡建设部、文化部、广电总局、安全监管总局、国家旅游局同意，自 2009 年 6 月 1 日起施行。

（1）管理职责

第五条 公安机关应当履行下列职责，并由公安机关消防机构具体实施：

1）掌握本地区消防安全教育培训工作情况，向本级人民政府及相关部门提出工作建议；

2）协调有关部门指导和监督社会消防安全教育培训工作；

3）会同教育行政部门、人力资源和社会保障部门对消防安全专业培训机构实施监督管理；

4）定期对社区居民委员会、村民委员会的负责人和专（兼）

职消防队、志愿消防队的负责人开展消防安全培训。

第六条 教育行政部门应当履行下列职责：

1）将学校消防安全教育培训工作纳入教育培训规划，并进行教育督导和工作考核；

2）指导和监督学校将消防安全知识纳入教学内容；

3）将消防安全知识纳入学校管理人员和教师在职培训内容；

4）依法在职责范围内对消防安全专业培训机构进行审批和监督管理。

第七条 民政部门应当履行下列职责：

1）将消防安全教育培训工作纳入减灾规划并组织实施，结合救灾、扶贫济困和社会优抚安置、慈善等工作开展消防安全教育；

2）指导社区居民委员会、村民委员会和各类福利机构开展消防安全教育培训工作；

3）负责消防安全专业培训机构的登记，并实施监督管理。

第八条 人力资源和社会保障部门应当履行下列职责：

1）指导和监督机关、企业和事业单位将消防安全知识纳入干部、职工教育、培训内容；

2）依法在职责范围内对消防安全专业培训机构进行审批和监督管理。

（2）安全教育

第十四条 单位应当根据本单位的特点，建立健全消防安全教育培训制度，明确机构和人员，保障教育培训工作经费，按照下列规定对职工进行消防安全教育培训：

1）定期开展形式多样的消防安全宣传教育；

2）对新上岗和进入新岗位的职工进行上岗前消防安全培训；

3）对在岗的职工每年至少进行一次消防安全培训；

4）消防安全重点单位每半年至少组织一次，其他单位每年至少组织一次灭火和应急疏散演练。

单位对职工的消防安全教育培训应当将本单位的火灾危险

性、防火灭火措施、消防设施及灭火器材的操作使用方法、人员疏散逃生知识等作为培训的重点。

（3）培训机构

第二十七条 国家机构以外的社会组织或者个人利用非国家财政性经费，举办消防安全专业培训机构，面向社会从事消防安全专业培训的，应当经省级教育行政部门或者人力资源和社会保障部门依法批准，并于省级民政部门申请民办非企业单位登记。

第二十八条 成立消防安全专业培训机构应当符合下列条件：

1）具有法人条件，有规范的名称和必要的组织机构；

2）注册资金或者开办费一百万元以上；

3）有健全的组织章程和培训、考试制度；

4）具有与培训规模和培训专业相适应的专（兼）职教员队伍；

5）有同时培训二百人以上规模的固定教学场所、训练场地，具有满足技能培训需要的消防设施、设备和器材；

6）消防安全专业培训需要的其他条件。

（4）奖惩措施

第三十二条 地方各级人民政府及有关部门对在消防安全教育培训工作中有突出贡献或者成绩显著的单位和个人，应当给予表彰奖励。

单位对消防安全教育培训工作成绩突出的职工，应当给予表彰奖励。

第三十三条 地方各级人民政府公安、教育、民政、人力资源和社会保障、住房和城乡建设、文化、广电、安全监管、旅游、文物等部门不依法履行消防安全教育培训工作职责的，上级部门应当给予批评；对直接责任人员由上级部门和所在单位视情节轻重，根据权限依法给予批评教育或者建议有权部门给予处分。

公安机关消防机构工作人员在协助审查消防安全专业培训机

构的工作中疏于职守的，由上级机关责令改正；情节严重的，对直接负责的主管人员和其他直接责任人员依法给予处分。

第三十五条 单位违反本规定，构成违反消防管理行为的，由公安机关消防机构依照《中华人民共和国消防法》予以处罚。

3.《建设工程消防监督管理规定》（公安部令第 119 号）

《建设工程消防监督管理规定》于 2009 年 4 月 30 日以中华人民共和国公安部令第 106 号发布，自 2009 年 5 月 1 日起施行。根据 2012 年 7 月 17 日中华人民共和国公安部令第 119 号公布的《公安部关于修改的决定》修订。

（1）消防设计、施工的质量责任

第八条 建设单位不得要求设计、施工、工程监理等有关单位和人员违反消防法规和国家工程建设消防技术标准，降低建设工程消防设计、施工质量，并承担下列消防设计、施工的质量责任：

1）依法申请建设工程消防设计审核、消防验收，依法办理消防设计和竣工验收消防备案手续并接受抽查；建设工程内设置的公众聚集场所未经消防安全检查或者经检查不符合消防安全要求的，不得投入使用、营业；

2）实行工程监理的建设工程，应当将消防施工质量一并委托监理；

3）选用具有国家规定资质等级的消防设计、施工单位；

4）选用合格的消防产品和满足防火性能要求的建筑构件、建筑材料及装修材料；

5）依法应当经消防设计审核、消防验收的建设工程，未经审核或者审核不合格的，不得组织施工；未经验收或者验收不合格的，不得交付使用。

第九条 设计单位应当承担下列消防设计的质量责任：

1）根据消防法规和国家工程建设消防技术标准进行消防设计，编制符合要求的消防设计文件，不得违反国家工程建设消防技术标准强制性要求进行设计；

2）在设计中选用的消防产品和具有防火性能要求的建筑构件、建筑材料、装修材料，应当注明规格、性能等技术指标，其质量要求必须符合国家标准或者行业标准；

3）参加建设单位组织的建设工程竣工验收，对建设工程消防设计实施情况签字确认。

第十条 施工单位应当承担下列消防施工的质量和安全责任：

1）按照国家工程建设消防技术标准和经消防设计审核合格或者备案的消防设计文件组织施工，不得擅自改变消防设计进行施工，降低消防施工质量；

2）查验消防产品和具有防火性能要求的建筑构件、建筑材料及装修材料的质量，使用合格产品，保证消防施工质量；

3）建立施工现场消防安全责任制度，确定消防安全负责人。加强对施工人员的消防教育培训，落实动火、用电、易燃可燃材料等消防管理制度和操作规程。保证在建工程竣工验收前消防通道、消防水源、消防设施和器材、消防安全标志等完好有效。

（2）消防设计审核和消防验收

第十三条 对具有下列情形之一的人员密集场所，建设单位应当向公安机关消防机构申请消防设计审核，并在建设工程竣工后向出具消防设计审核意见的公安机关消防机构申请消防验收：

1）建筑总面积大于二万平方米的体育场馆、会堂，公共展览馆、博物馆的展示厅；

2）建筑总面积大于一万五千平方米的民用机场航站楼、客运车站候车室、客运码头候船厅；

3）建筑总面积大于一万平方米的宾馆、饭店、商场、市场；

4）建筑总面积大于二千五百平方米的影剧院，公共图书馆的阅览室，营业性室内健身、休闲场馆，医院的门诊楼，大学的教学楼、图书馆、食堂，劳动密集型企业的生产加工车间，寺庙、教堂；

5）建筑总面积大于一千平方米的托儿所、幼儿园的儿童用房，儿童游乐厅等室内儿童活动场所，养老院、福利院，医院、疗养院的病房楼，中小学校的教学楼、图书馆、食堂，学校的集体宿舍，劳动密集型企业的员工集体宿舍；

6）建筑总面积大于五百平方米的歌舞厅、录像厅、放映厅、卡拉 OK 厅、夜总会、游艺厅、桑拿浴室、网吧、酒吧，具有娱乐功能的餐馆、茶馆、咖啡厅。

第十四条 对具有下列情形之一的特殊建设工程，建设单位必须向公安机关消防机构申请消防设计审核，并且在建设工程竣工后向出具消防设计审核意见的公安机关消防机构申请消防验收：

1）设有本规定第十三条所列的人员密集场所的建设工程；

2）国家机关办公楼、电力调度楼、电信楼、邮政楼、防灾指挥调度楼、广播电视楼、档案楼；

3）本条第一项、第二项规定以外的单体建筑面积大于四万平方米或者建筑高度超过五十米的公共建筑；

4）国家标准规定的一类高层住宅建筑；

5）城市轨道交通、隧道工程，大型发电、变配电工程；

6）生产、储存、装卸易燃易爆危险物品的工厂、仓库和专用车站、码头，易燃易爆气体和液体的充装站、供应站、调压站。

第二十一条 建设单位申请消防验收应当提供下列材料：

1）建设工程消防验收申报表；

2）工程竣工验收报告和有关消防设施的工程竣工图纸；

3）消防产品质量合格证明文件；

4）具有防火性能要求的建筑构件、建筑材料、装修材料符合国家标准或者行业标准的证明文件、出厂合格证；

5）消防设施检测合格证明文件；

6）施工、工程监理、检测单位的合法身份证明和资质等级证明文件；

7）建设单位的工商营业执照等合法身份证明文件；

8）法律、行政法规规定的其他材料。

（3）消防设计和竣工验收的备案抽查

第二十四条 对本规定第十三条、第十四条规定以外的建设工程，建设单位应当在取得施工许可、工程竣工验收合格之日起七日内，通过省级公安机关消防机构网站进行消防设计、竣工验收消防备案，或者到公安机关消防机构业务受理场所进行消防设计、竣工验收消防备案。

建设单位在进行建设工程消防设计或者竣工验收消防备案时，应当分别向公安机关消防机构提供备案申报表、本规定第十五条规定的相关材料及施工许可文件复印件或者本规定第二十一条规定的相关材料。按照住房和城乡建设行政主管部门的有关规定进行施工图审查的，还应当提供施工图审查机构出具的审查合格文件复印件。

依法不需要取得施工许可的建设工程，可以不进行消防设计、竣工验收消防备案。

（4）执法监督

第二十七条 上级公安机关消防机构对下级公安机关消防机构建设工程消防监督管理情况进行监督、检查和指导。

第二十八条 公安机关消防机构办理建设工程消防设计审核、消防验收，实行主责承办、技术复核、审验分离和集体会审等制度。

公安机关消防机构实施消防设计审核、消防验收的主责承办人、技术复核人和行政审批人应当依照职责对消防执法质量负责。

（5）法律责任

第三十八条 违反本规定的，依照《中华人民共和国消防法》第五十八条、第五十九条、第六十五条第二款、第六十六条、第六十九条规定给予处罚；构成犯罪的，依法追究刑事责任。

建设、设计、施工、工程监理单位、消防技术服务机构及其从业人员违反有关消防法规、国家工程建设消防技术标准，造成危害后果的，除依法给予行政处罚或者追究刑事责任外，还应当依法承担民事赔偿责任。

第三十九条　建设单位在申请消防设计审核、消防验收时，提供虚假材料的，公安机关消防机构不予受理或者不予许可并处警告。

第四十条　违反本规定并及时纠正，未造成危害后果的，可以从轻、减轻或者免予处罚。

4.《消防监督检查规定》（公安部令第 120 号）

《消防监督检查规定》于 2009 年 4 月 30 日以中华人民共和国公安部令第 107 号发布，根据 2012 年 7 月 17 日中华人民共和国公安部令第 120 号公布的《公安部关于修改〈消防监督检查规定〉的决定》修订，自 2012 年 11 月 1 日起施行。

（1）消防监督检查的形式和内容

第六条　消防监督检查的形式有：

1）对公众聚集场所在投入使用、营业前的消防安全检查；

2）对单位履行法定消防安全职责情况的监督抽查；

3）对举报投诉的消防安全违法行为的核查；

4）对大型群众性活动举办前的消防安全检查；

5）根据需要进行的其他消防监督检查。

第九条　对公众聚集场所投入使用、营业前进行消防安全检查，应当检查下列内容：

1）建筑物或者场所是否依法通过消防验收合格或者进行竣工验收消防备案抽查合格；依法进行竣工验收消防备案但没有进行备案抽查的建筑物或者场所是否符合消防技术标准；

2）消防安全制度、灭火和应急疏散预案是否制定；

3）自动消防系统操作人员是否持证上岗，员工是否经过岗前消防安全培训；

4）消防设施、器材是否符合消防技术标准并完好有效；

5）疏散通道、安全出口和消防车通道是否畅通；

6）室内装修材料是否符合消防技术标准；

7）外墙门窗上是否设置影响逃生和灭火救援的障碍物。

第十条 对单位履行法定消防安全职责情况的监督抽查，应当根据单位的实际情况检查下列内容：

1）建筑物或者场所是否依法通过消防验收或者进行竣工验收消防备案，公众聚集场所是否通过投入使用、营业前的消防安全检查；

2）建筑物或者场所的使用情况是否与消防验收或者进行竣工验收消防备案时确定的使用性质相符；

3）消防安全制度、灭火和应急疏散预案是否制定；

4）消防设施、器材和消防安全标志是否定期组织维修保养，是否完好有效；

5）电器线路、燃气管路是否定期维护保养、检测；

6）疏散通道、安全出口、消防车通道是否畅通，防火分区是否改变，防火间距是否被占用；

7）是否组织防火检查、消防演练和员工消防安全教育培训，自动消防系统操作人员是否持证上岗；

8）生产、储存、经营易燃易爆危险品的场所是否与居住场所设置在同一建筑物内；

9）生产、储存、经营其他物品的场所与居住场所设置在同一建筑物内的，是否符合消防技术标准；

10）其他依法需要检查的内容。

（2）消防监督检查的程序

第十八条 公安机关消防机构应当按照下列时限，对举报投诉的消防安全违法行为进行实地核查：

1）对举报投诉占用、堵塞、封闭疏散通道、安全出口或者其他妨碍安全疏散行为，以及擅自停用消防设施的，应当在接到举报投诉后二十四小时内进行核查；

2）对举报投诉本款第一项以外的消防安全违法行为，应当在接到举报投诉之日起三个工作日内进行核查。核查后，对消防安全违法行为应当依法处理。处理情况应当及时告知举报投诉人；无法告知的，应当在受理登记中注明。

第十九条　在消防监督检查中，公安机关消防机构对发现的依法应当责令立即改正的消防安全违法行为，应当当场制作、送达责令立即改正通知书，并依法予以处罚；对依法应当责令限期改正的，应当自检查之日起三个工作日内制作、送达责令限期改正通知书，并依法予以处罚。

对违法行为轻微并当场改正完毕，依法可以不予行政处罚的，可以口头责令改正，并在检查记录上注明。

第二十条　对依法责令限期改正的，应当根据改正违法行为的难易程度合理确定改正期限。公安机关消防机构应当在责令限期改正期限届满或者收到当事人的复查申请之日起三个工作日内进行复查。对逾期不改正的，依法予以处罚。

（3）公安派出所日常消防监督检查

第三十条　公安派出所对其日常监督检查范围的单位，应当每年至少进行一次日常消防监督检查。

公安派出所对群众举报投诉的消防安全违法行为，应当及时受理，依法处理；对属于公安机关消防机构管辖的，应当依照《公安机关办理行政案件程序规定》在受理后及时移送公安机关消防机构处理。

第三十一条　公安派出所对单位进行日常消防监督检查，应当检查下列内容：

1）建筑物或者场所是否依法通过消防验收或者进行竣工验收消防备案，公众聚集场所是否依法通过投入使用、营业前的消防安全检查；

2）是否制定消防安全制度；

3）是否组织防火检查、消防安全宣传教育培训、灭火和应急疏散演练；

4）消防车通道、疏散通道、安全出口是否畅通，室内消火栓、疏散指示标志、应急照明、灭火器是否完好有效；

5）生产、储存、经营易燃易爆危险品的场所是否与居住场所设置在同一建筑物内。

对设有建筑消防设施的单位，公安派出所还应当检查单位是否对建筑消防设施定期组织维修保养。

（4）执法监督

第三十五条 公安机关消防机构应当健全消防监督检查工作制度，建立执法档案，定期进行执法质量考评，落实执法过错责任追究。

公安机关消防机构及其工作人员进行消防监督检查，应当自觉接受单位和公民的监督。

第三十六条 公安机关消防机构及其工作人员在消防监督检查中有下列情形的，对直接负责的主管人员和其他直接责任人员应当依法给予处分；构成犯罪的，依法追究刑事责任：

1）不按规定制作、送达法律文书，不按照本规定履行消防监督检查职责，拒不改正的；

2）对不符合消防安全条件的公众聚集场所准予消防安全检查合格的；

3）无故拖延消防安全检查，不在法定期限内履行职责的；

4）未按照本规定组织开展消防监督抽查的；

5）发现火灾隐患不及时通知有关单位或者个人整改的；

6）利用消防监督检查职权为用户指定消防产品的品牌、销售单位或者指定消防技术服务机构、消防设施施工、维修保养单位的；

7）接受被检查单位、个人财物或者其他不正当利益的；

8）其他滥用职权、玩忽职守、徇私舞弊的行为。

5.《火灾事故调查规定》（公安部令第 121 号）

《火灾事故调查规定》于 2009 年 4 月 30 日中华人民共和国公安部令第 108 号发布。根据 2012 年 7 月 17 日中华人民共和国公安部令第 121 号公布的《公安部关于修改〈火灾事故调查规定〉的决定》修订，自 2012 年 11 月 1 日起施行。

（1）管辖

第五条 火灾事故调查由县级以上人民政府公安机关主管，

并由本级公安机关消防机构实施；尚未设立公安机关消防机构的，由县级人民政府公安机关实施。

公安派出所应当协助公安机关火灾事故调查部门维护火灾现场秩序，保护现场，控制火灾肇事嫌疑人。

铁路、港航、民航公安机关和国有林区的森林公安机关消防机构负责调查其消防监督范围内发生的火灾。

《火灾事故调查规定》第七条规定：跨行政区域的火灾，由最先起火地的公安机关消防机构按照本规定第六条的分工负责调查，相关行政区域的公安机关消防机构予以协助。

对管辖权发生争议的，报请共同的上一级公安机关消防机构指定管辖。县级人民政府公安机关负责实施的火灾事故调查管辖权发生争议的，由共同的上一级主管公安机关指定。

（2）简易程序

第十二条 同时具有下列情形的火灾，可以适用简易调查程序：

1）没有人员伤亡的；

2）直接财产损失轻微的；

3）当事人对火灾事故事实没有异议的；

4）没有放火嫌疑的。

第十六条 火灾发生地的县级公安机关消防机构应当根据火灾现场情况，排除现场险情，保障现场调查人员的安全，并初步划定现场封闭范围，设置警戒标志，禁止无关人员进入现场，控制火灾肇事嫌疑人。

公安机关消防机构应当根据火灾事故调查需要，及时调整现场封闭范围，并在现场勘验结束后及时解除现场封闭。

《火灾事故调查规定》第十七条规定：封闭火灾现场的，公安机关消防机构应当在火灾现场对封闭的范围、时间和要求等予以公告。

《火灾事故调查规定》第十八条规定：公安机关消防机构应当自接到火灾报警之日起三十日内作出火灾事故认定；情况复

杂、疑难的，经上一级公安机关消防机构批准，可以延长三十日。

火灾事故调查中需要进行检验、鉴定的，检验、鉴定时间不计入调查期限。

（3）一般程序

第十五条 公安部和省级人民政府公安机关应当成立火灾事故调查专家组，协助调查复杂、疑难的火灾。专家组的专家协助调查火灾的，应当出具专家意见。

第十九条 火灾事故调查人员应当根据调查需要，对发现、扑救火灾人员，熟悉起火场所、部位和生产工艺人员，火灾肇事嫌疑人和被侵害人等知情人员进行询问。对火灾肇事嫌疑人可以依法传唤。必要时，可以要求被询问人到火灾现场进行指认。

询问应当制作笔录，由火灾事故调查人员和被询问人签名或者捺指印。被询问人拒绝签名和捺指印的，应当在笔录中注明。

第二十七条 受损单位和个人应当于火灾扑灭之日起七日内向火灾发生地的县级公安机关消防机构如实申报火灾直接财产损失，并附有效证明材料。

第三十条 对起火原因已经查清的，应当认定起火时间、起火部位、起火点和起火原因；对起火原因无法查清的，应当认定起火时间、起火点或者起火部位以及有证据能够排除和不能排除的起火原因。

（4）事故处理

第四十一条 公安机关消防机构在火灾事故调查过程中，应当根据下列情况分别作出处理：

1）涉嫌失火罪、消防责任事故罪的，按照《公安机关办理刑事案件程序规定》立案侦查；涉嫌其他犯罪的，及时移送有关主管部门办理；

2）涉嫌消防安全违法行为的，按照《公安机关办理行政案件程序规定》调查处理；涉嫌其他违法行为的，及时移送有关主管部门调查处理；

3）依照有关规定应当给予处分的，移交有关主管部门处理。

对经过调查不属于火灾事故的，公安机关消防机构应当告知当事人处理途径并记录在案。

第四十二条 公安机关消防机构向有关主管部门移送案件的，应当在本级公安机关消防机构负责人批准后的二十四小时内移送，并根据案件需要附下列材料：

1）案件移送通知书；

2）案件调查情况；

3）涉案物品清单；

4）询问笔录，现场勘验笔录，检验、鉴定意见以及照相、录像、录音等资料；

5）其他相关材料。

构成放火罪需要移送公安机关刑侦部门处理的，火灾现场应当一并移交。

二、防火基本知识

（一）火灾的类型

1. 火灾的概念

定义：在时间和空间上失去控制燃烧所造成的灾害。据此，火灾可以概括为以下三个层次的含义：

（1）必须造成灾害，如造成人员伤亡或财物损失等。

（2）该灾害必须是由燃烧引起的。

（3）该燃烧必须是失去控制的燃烧。

要确定一种燃烧现象是否属于火灾，应根据以上三个条件来判断，否则就不能简单判定为火灾。如人们在家中用燃气做饭的燃烧就不能认定为火灾，因为它属于可控制的燃烧；再如，垃圾堆里的燃烧，虽然该燃烧属于失去控制的燃烧，但该燃烧并没有造成灾害，所以也不属于火灾。

2. 火灾的性质

2.1 确定性与随机性

火灾作为一种燃烧现象，其规律具有确定性，同时又具有随机性。

确定性：可燃物着火引起火灾，必须具备一定的条件，遵循一定的规律。当条件具备时，火灾必然发生；条件不具备时，物质无论如何都不会燃烧。

随机性：在一个地区、一段时间内，何时、何地发生火灾，往往是难以预测的，即对于一场具体的火灾来说，其发生存在着随机性。

火灾的随机性由于火灾发生原因极其复杂所致。因此必须时时警惕火灾的发生。

2.2 自然因素与社会因素共同作用

火灾的发生首先与建筑科技、消防设施、可燃物燃烧特性，以及火源、风速、天气、地形、地物等物理化学因素有关。但火灾的发生绝对不是纯粹的自然现象，还与人们的生活习惯、操作技能、教育程度、法律知识、文化修养，以及规章制度、文化经济等社会因素有关。因此，消防工作是一项复杂的、涉及各个方面的系统工程。

3. 火灾的分类

按照现行国家标准《火灾分类》GB/T4968—2008 的规定，根据可燃物的类型和燃烧特性将火灾分为 A、B、C、D、E、F 六个不同的类别。

A 类火灾：指固体物质火灾。这种物质通常具有有机物质性质，一般在燃烧时能产生灼热的余烬。如木材、棉、毛、麻、纸张等火灾。

B 类火灾：指液体或可熔化的固体物质火灾。如煤油、汽油、原油、甲醇、乙醇、沥青、石蜡等火灾。

C 类火灾：指气体火灾。如煤气、天然气、甲烷、乙烷、丙烷、氢气等火灾。

D 类火灾：指金属火灾。如钾、钠、镁、铝镁合金等火灾。

E 类火灾：带电火灾。物体带电燃烧的火灾。

F 类火灾：烹饪器具内的烹饪物（如动植物油脂）火灾。

（二）燃烧和爆炸

燃烧和爆炸是火灾事故中常见的两种基本表现形式，其带来结果往往是财产损失和人员伤亡。因此只有充分了解燃烧和爆炸的特性，采取针对性的安全预防措施，才能达到减少损失的目的。

1. 燃烧

（1）燃烧的条件

物质燃烧过程的发生和发展，必须具备以下三个必要条件，即可燃物、氧化剂和温度（引火源）。只有这三个条件同时发生，才可能发生燃烧，无论缺少哪一个条件，燃烧都不能发生。但是并不是上述三个条件同时存在，就一定会发生燃烧现象，这三个因素还必须相互作用才能发生燃烧。

1）可燃物：凡是能与空气中的氧或其他氧化剂起燃烧化学反应的物质称为可燃物。可燃物按其物理状态可分为气体可燃物、液体可燃物和固体可燃物三种类别。可燃物质大多是含碳和氢的化合物，某些金属如镁、铝、钙等在某些条件下也可以燃烧，还有许多物质如肼、臭氧等在高温下可以通过自己的分解而放出光和热。

2）氧化剂：帮助和支持可燃物燃烧的物质，即能与可燃物发生氧化反应的物质称为氧化剂。燃烧过程中的氧化剂主要是空气中游离的氧，另有氟、氯等也可以作为燃烧反应的氧化剂。

3）温度（引火源）：是指供给可燃物与氧或助燃剂发生燃烧反应的能量来源。常见的是热能，其他还有化学能、电能、机械能等转变的热能。

（2）燃烧常用概念

1）闪燃：在液体（固体）表面上能产生足够的可燃蒸汽，遇火能发生一闪即灭的火焰的燃烧现象称为闪燃。

2）阴燃：没有火焰的缓慢燃烧现象称为阴燃。

3）爆燃：以亚音速传播的爆炸称为爆燃。

4）自燃：可燃物没有外部明火等火源的作用下，因受热或自身发热并蓄热所产生的自行燃烧现象称为自燃。

5）闪点：在规定的实验条件下，液体（固体）表面能产生闪燃的最低温度称为闪点。

6）燃点：在规定的实验条件下，液体或固体能发生持续燃烧的最低温度称为燃点。一切液体的燃点都高于闪点。

7）自燃点：在规定的实验条件下，可燃物质产生自燃的最低温度是该物质的自燃点。

（3）燃烧产物及其毒性

燃烧产物是指由于燃烧或热解作用产生的全部物质。燃烧的产物包括：燃烧生成的气体、能量、可见烟等。燃烧生成的气体一般是指：一氧化碳、氰化氢、二氧化碳、丙烯醛、氯化氢、二氧化硫等。

火灾统计表明，火灾中死亡人数大约 80% 是由于吸入火灾中燃烧产生的有毒烟气致死的。火灾产生的烟气含有大量的有毒成分，如：氧化碳、氰化氢、二氧化碳、丙烯醛、氯化氢、二氧化硫、过氧化氢等，二氧化碳是主要产物之一，而一氧化碳是火灾中致死的主要燃烧产物之一，其毒性在于对血液中血红蛋白的高亲和性，其亲和力比氧气高出 250 倍，最容易引起供氧不足而危及生命。

2. 爆炸

爆炸是指由于物质急剧氧化或分解反应，使温度、压力急剧增加或使两者同时急剧增加的现象，爆炸可分为物理爆炸和化学爆炸。

（1）物理爆炸：由于液体变成蒸汽或气体迅速膨胀，而造成压力急速增加，并大大超过容器的极限压力而发生的爆炸。如蒸汽锅炉、液化气钢瓶等的爆炸。

（2）化学爆炸：由物质本身发生化学反应，产生大量气体和高温而发生的爆炸。如炸药的爆炸，可燃气体、液体蒸汽和粉尘与空气混合物的爆炸等。

（三）灭火的基本方法

由燃烧所必须具备的几个基本条件可以得知，灭火就是破坏燃烧条件，使燃烧反应终止的过程。其基本原理可以归纳为以下四个方面：冷却、窒息、隔离和化学抑制。其中前三种属于物理作用，化学抑制属于化学作用。

1. 冷却灭火法

冷却灭火法，就是将灭火剂直接喷洒在燃烧的物体上，将可燃物的温度降低到燃点以下，从而使燃烧终止，这是扑救火灾最常用的方法。冷却的方法主要是采取喷水或者喷射二氧化碳等其他灭火剂，将燃烧物的温度降到燃点以下。灭火剂在灭火过程中不参与燃烧过程中的化学反应。

2. 窒息灭火法

窒息灭火法，就是阻止空气流入燃烧区，或用不燃物质冲淡空气，使燃烧物质断绝氧气的助燃而熄灭。该方法适用于扑救一些封闭式的空间和生产设备装置的火灾。

可燃物的燃烧是氧化作用，需要在最低氧浓度以上才能进行，低于最低氧浓度，燃烧不能进行，火灾即被扑灭。一般氧浓度低于15％时，就不能维持燃烧。因此，通过降低燃烧物周围的烟气浓度可以起到灭火的作用。

在火场上运用窒息灭火法扑灭火灾时，可采用石棉布、浸湿的棉被、湿帆布等不燃或难燃材料，覆盖燃烧物或封闭孔洞；用水蒸气、惰性气体（二氧化碳、氮气等）充入燃烧区域内；利用建筑物上原有的门、窗以及生产设备上的部件，封闭燃烧区，阻止新鲜空气进入。

3. 隔离灭火法

隔离灭火法，就是把燃烧物与引火源或氧气隔离开来，燃烧反应就会自动终止。该方法适用于扑救各种固体、液体和气体火灾。

火灾发生时，关闭阀门，切断流向火区的可燃气体和液体的通道；打开有关阀门，使已经发生燃烧的容器或已受到火势威胁的容器中的液体可燃物，通过管道流至安全区域，都是隔离灭火的措施。

4. 化学抑制灭火法

由于有焰燃烧是通过链式反应进行的，如果能有效地抑制自由基的产生或降低火焰中的自由基浓度，即可使燃烧中止。

化学抑制灭火法，就是使用灭火剂与链式反应的中间体自由基反应，从而使燃烧的链式反应中断，使燃烧不能持续进行。采用该方法可使用的灭火剂有干粉和卤代烷灭火剂及替代产品。灭火时，将足够数量的灭火剂准确地喷在燃烧区内，使灭火剂参与和阻断燃烧反应。同时还要采取必要的冷却降温措施，以防止复燃。

采取哪种灭火方法实施灭火，应根据燃烧物质的性质、燃烧特点和火场的具体情况，以及消防技术装备的性能进行选择。

（四）建筑物耐火等级

耐火等级是衡量建筑物耐火程度的分级标准。规定建筑物的耐火等级是建筑设计防火技术措施中最基本的措施之一。根据建筑物的使用性质、重要程度、规模大小、层数高低以及火灾危险性差异，对于不同的建筑物提出不同的耐火等级要求，可做到既有利于消防安全，又能够节约建设投资成本。

1. 建筑物耐火等级的确定

在防火设计中，建筑整体的耐火性能是保证建筑结构在火灾发生时不发生较大破坏为根本，而单一建筑结构构件的燃烧性能和耐火极限是确定建筑整体耐火性能的基础。建筑耐火等级是由组成建筑物的墙、柱、楼板、屋顶承重构件和吊顶等主要构件的燃烧性能和耐火极限决定的，一共可分为四级。

具体分级中，建筑构件的耐火性能是以楼板的耐火极限为基准，再根据其他构件在建筑物中的重要性和耐火性能可能的目标值调整后确定的。从以往发生的火灾统计数据分析来看，88%的火灾可在1.5h之内扑灭，80%的火灾可在1h之内扑灭，因此将耐火等级为一级的建筑物楼板的耐火极限定为1.5h，二级建筑物楼板的耐火极限定为1h，以下级别的则相应降低要求。其他结构构件按照在结构中所起的作用以及耐火等级的要求而确定相应的耐火极限时间，如对于在建筑中起主要支撑作用的柱子，其耐火极限值要求相对较高，一级耐火等级的建筑要求3.0h，二级耐火等级建筑要求2.5h。对于这样的要求，大部分钢筋混凝土建筑都可以满足；但对于钢结构建筑，就必须采取相应的保护措施才能满足。

2. 建筑材料防火分级

施工现场使用的建筑材料种类繁多，使用在建设工程的各个部位，不同部位使用的建筑材料对防火要求不同，材料的防火分级也不同。根据现行国家标准《建筑材料及制品燃烧性能分级》GB8624 的规定，建筑材料燃烧性能分为 A、B1、B2、B3 四级：A 级为不燃材料（制品）、B1 级为难燃材料（制品）、B2 级为可燃材料（制品）、B3 级为易燃材料（制品）。

不燃材料：指在空气中受到火烧或高温作用时不起火、不微燃、不碳化。如花岗岩、大理石、水磨石、水泥制品、混凝土制品、石膏板、石灰制品、黏土砖、玻璃、陶瓷、陶瓷锦砖、钢材、铝合金制品等。

难燃材料：指在空气中受到火烧或高温作用时难起火、难微燃、难碳化，当火源移走后，燃烧或微燃立即停止。如纸面石膏板、纤维石膏板、水泥刨花板、难燃胶合板、难燃中密度纤维板、难燃木材、硬质 PVC 塑料地板、酚醛塑料等。

可燃材料：指在空气中受到火烧或高温作用时，立即起火或微燃，而且火源移走以后仍继续燃烧或微燃。如天然木材、木制人造板、竹材、木地板、聚乙烯塑料制品等。

易燃材料：指在空气中受到火烧或高温作用时，立即起火，且火焰传播速度很快。如有机玻璃、赛璐珞、泡沫塑料等。

3. 民用建筑的耐火等级

民用建筑的耐火等级可分为一、二、三、四级。除另有规定外，不同耐火等级建筑的相应构件的燃烧性能和耐火极限不应低于表 2-1 的规定。

民用建筑的耐火等级是为了便于根据建筑自身结构的防火性能来确定该建筑的其他防火要求。相反，根据这个分级及其对应建筑构件的耐火性能，也可以确定既有建筑的耐火等级。

不同耐火等级建筑相应构件的燃烧性能和耐火极限（h）　　表 2-1

构件名称		耐火等级			
		一级	二级	三级	四级
墙	防火墙	不燃性 3.00	不燃性 3.00	不燃性 3.00	不燃性 3.00
	承重墙	不燃性 3.00	不燃性 2.50	不燃性 2.00	难燃性 0.50
	非承重外墙	不燃性 1.00	不燃性 1.00	不燃性 0.50	可燃性
	楼梯间和前室的墙 电梯井的墙 住宅建筑单元之间的墙和分户隔墙	不燃性 2.00	不燃性 2.00	不燃性 1.50	难燃性 0.50
	疏散走道两侧的隔墙	不燃性 1.00	不燃性 1.00	不燃性 0.50	难燃性 0.25
	房间隔墙	不燃性 0.75	不燃性 0.50	不燃性 0.50	难燃性 0.25
柱		不燃性 3.00	不燃性 2.50	不燃性 2.00	难燃性 0.50
梁		不燃性 2.00	不燃性 1.50	不燃性 1.00	难燃性 0.50
楼板		不燃性 1.50	不燃性 1.00	不燃性 0.50	可燃性
屋顶承重构件		不燃性 1.50	不燃性 1.00	不燃性 0.50	可燃性
疏散楼梯		不燃性 1.50	不燃性 1.00	不燃性 0.50	可燃性
吊顶（包括吊顶格栅）		不燃性 0.25	难燃性 0.25	难燃性 0.15	可燃性

　　另外，有些性质重要、火灾扑救难度大、火灾危险性大的民用建筑，还应达到最低耐火等级要求，如地下或者半地下建筑

（室）和一类高层建筑的耐火等级不应低于一级；单、多层重要公共建筑和二类高层建筑的耐火等级不应低于二级。

4. 厂房和仓库的耐火等级

厂房和仓库的耐火等级可分为一、二、三、四级，相应建筑构件的燃烧性能和耐火极限，除《建筑设计防火规范》另有规定外，不应低于表 2-2 的规定。

不同耐火等级厂房和仓库建筑构件的燃烧性能和耐火极限（h）　表 2-2

构件名称		耐火等级			
		一级	二级	三级	四级
墙	防火墙	不燃性 3.00	不燃性 3.00	不燃性 3.00	不燃性 3.00
	承重墙	不燃性 3.00	不燃性 2.50	不燃性 2.00	难燃性 0.50
	非承重外墙	不燃性 1.00	不燃性 1.00	不燃性 0.50	可燃性
	楼梯间、前室的墙，电梯井的墙	不燃性 2.00	不燃性 2.00	不燃性 1.50	难燃性 0.50
	疏散走道两侧的隔道	不燃性 1.00	不燃性 1.00	不燃性 0.50	难燃性 0.25
	非承重外墙、房间隔墙	不燃性 0.75	不燃性 0.50	难燃性 0.50	难燃性 0.25
柱		不燃性 3.00	不燃性 2.50	不燃性 2.00	难燃性 0.50
梁		不燃性 2.00	不燃性 1.50	不燃性 1.00	难燃性 0.50
楼板		不燃性 1.50	不燃性 1.00	不燃性 0.50	可燃性
屋顶承重构件		不燃性 1.50	不燃性 1.00	难燃性 0.50	可燃性

构件名称	耐火等级			
	一级	二级	三级	四级
疏散楼梯	不燃性 1.50	不燃性 1.00	不燃性 0.50	可燃性
吊顶（包括吊顶搁栅）	不燃性 0.25	难燃性 0.25	难燃性 0.15	可燃性

注：二级耐火等级建筑采用不燃材料的吊顶，其耐火极限不限。

厂房、仓库的耐火等级、建筑面积、层数等与其生产或储存的类型有着密不可分的关系。对于甲、乙类生产或储存的厂房或仓库，由于其生产或储存的物品危险性大，因此这类生产场所或仓库不应设置在地下或半地下，而且对这类场所的防火安全性能的要求也较之其他类型的生产和仓储要高，在设计、使用时都应该特别注意。

（五）消防安全标志

1. 设置方法要求

施工现场消防安全标志牌是依据现行国家标准《消防安全标志　第1部分：标志》GB 13495.1—2015 设置的。现场消防安全标志应该设置在醒目且与消防安全有关的地方，并且人们看到后有足够的时间注意它所表示的意义。消防安全标志不应设置在本身移动后可能遮挡标志的物体上，同样也不应设置在容易被移动的地方。

2. 消防标志

国家质检总局、国家标准委批准发布的《消防安全标志第1部分：标志》GB 13495.1—2015 于 2015 年 8 月 1 日起实施。它分为火灾报警装置标志、紧急疏散逃生标志、灭火设备标志、禁止和警告标志、方向辅助标志、文字辅助标志等 6 类标志。

消防安全标志（以下简称标志）由几何形状、安全色、表示特定消防安全信息的图形符号构成。标志的几何形状、安全色及对比色、图形符号色的含义见表2-3。

标志的几何形状、安全色及对比色、图形符号色的含义 表2-3

几何形状	安全色	安全色的对比色	图形符号色	含义
正方形	红色	白色	白色	标示消防设施（如火灾报警装置和灭火设备）
正方形	绿色	白色	白色	提示安全状况（如紧急疏散逃生）
带斜杠的圆形	红色	白色	黑色	表示禁止
等边三角形	黄色	黑色	黑色	表示警告

建筑施工现场常见的火灾报警装置、紧急疏散逃生标志、灭火设备标志、禁止和警告标志、方向辅助标志分别见表2-4～表2-9。

火灾报警装置标志 表2-4

编号	标志	名称	说明
3-01		消防按钮 FIRE CALL POINT	标示火灾报警按钮和消防设备启动按钮的位置。 需指示消防按钮方位时，应与3-30标志组合使用，示例见表2-10～表2-17
3-02		发声警报器 FIRE ALARM	标示发声警报器的位置

编号	标志	名称	说明
3-03		火警电话 FIRE ALARM TELEPHONE	标示火警电话的位置和号码。 需指示火警电话方位时,应与3-30标志组合使用
3-04		消防电话 FIRE TELEPHONE	标示火灾报警系统中消防电话及插孔的位置。 需指示消防电话方位时,应与3-30标志组合使用,示例见表2-10~表2-17

紧急疏散逃生标志   表 2-5

编号	标志	名称	说明
3-05		安全出口 EXIT	提示通往安全场所的疏散出口。 根据到达出口的方向,可选用向左或向右的标志。需指示安全出口的方位时,应与3-29标志组合使用,示例见表2-10~表2-17

编号	标志	名称	说明
3-06		滑动开门 SLIDE	提示滑动门的位置及方向
3-07		推开 PUSH	提示门的推开方向
3-08		拉开 PULL	提示门的拉开方向
3-09		击碎板面 BREAK TO OBTAIN ACCESS	提示需击碎板面才能取到钥匙、工具,操作应急设备或开启紧急逃生出口

编号	标志	名称	说明
3-10		逃生梯 ESCAPE LADDER	提示固定安装的逃生梯的位置。 需指示逃生梯的方位时,应与 3-29 标志组合使用

灭火设备标志　　　　　　　　　　　　　　　　表 2-6

编号	标志	名称	说明
3-11		灭火设备 FIRE-FIGHTING EQUIPMENT	标示灭火设备集中摆放的位置。 需指示灭火设备的方位时,应与 3-30 标志组合使用
3-12		手提式灭火器 PORTABLE FIRE EXTINGUISHER	标示手提式灭火器的位置。 需指示手提式灭火器的方位时,应与 3-30 标志组合使用,示例见表 2-10～表 2-17
3-13		推车式灭火器 WHEELED FIRE EXTINGUISHER	标示推车式灭火器的位置。 需指示推车式灭火器的方位时,应与 3-30 标志组合使用

编号	标志	名称	说明
3-14		消防炮 FIRE MONITOR	标示消防炮的位置。 需指示消防炮的方位时,应与 3-30 标志组合使用
3-15		消防软管卷盘 FIRE HOSE REEL	标示消防软管卷盘、消火栓箱、消防水带的位置。 需指示消防软管卷盘、消火栓箱、消防水带的方位时,应与 3-30 标志组合使用,示例见表 2-10～表 2-17
3-16		地下消火栓 UNDERGROUND FIRE HYDRANT	标示地下消火栓的位置。 需指示地下消火栓的方位时,应与 3-30 标志组合使用
3-17		地上消火栓 OVERGROUND FIRE HYDRANT	标示地上消火栓的位置。 需指示地上消火栓的方位时,应与 3-30 标志组合使用,示例见表 2-10～表 2-17
3-18		消防水泵接合器 SIAMESE CONNECTION	标示消防水泵接合器的位置。 需指示消防水泵接合器的防位时,应与 3-30 标志组合使用

编号	标志	名称	说明
3-19		禁止吸烟 NO SMOKING	表示禁止吸烟
3-20		禁止烟火 NO BURNING	表示禁止吸烟或各种形式的明火
3-21		禁止放易燃物 NO FLAMMABLE MATERIALS	表示禁止存放易燃物
3-22		禁止燃放鞭炮 NO FIREWORKS	表示禁止燃放鞭炮或焰火
3-23		禁止用水灭火 DO NOT EXTINGUISH WITH WATER	表示禁止用水作灭火剂或用水灭火

编号	标志	名称	说明
3-24		禁止阻塞 NO NOT OBSTRUCT	表示禁止阻塞的指定区域 (如疏散通道)
3-25		禁止锁闭 DO NOT LOCK	表示禁止锁闭的指定部位 (如疏散通道和安全出口的 门)
3-26		当心易燃物 WARNING： FLAMMABLE MATERIAL	警示来自易燃物质的危险
3-27		当心氧化物 WARNING： OXIDIZING SUBSTANCE	警示来自氧化物的危险
3-28		当心爆炸物 WARNING： EXPLOSIVE MATERIAL	警示来自爆炸物的危险,在 爆炸物附近或处置爆炸物时 应当心

编号	标志	含义	说明
3-29		疏散方向 DIRECTION OF ESCAPE	指示安全出口的方向。 箭头的方向还可为上、下、左上、右上、右、右下等，组合使用示例见表 2-9～表 2-16
3-30		火灾报警装置或灭火设备的方位 DIRECTION OF FIRE ALARM DEVICE OR FIREFIGHTING EQUIPMENT	指示火灾报警装置或灭火设备的方位。 箭头的方向还可为上、下、左上、右上、右、右下等，组合使用示例见表 2-9～表 2-16

标志与方向辅助标志组合示例见表 2-9～表 2-16。

标志与方向辅助标志组合制作示例　　　**表 2-9**

序号	组合制作示例	制作说明
1		保留内部衬边
2		保留内部衬边
3		省略内部衬边

"安全出口"标志与方向辅助标志组合使用示例　　**表 2-10**

序号	组合使用示例	应用说明
1		面向疏散方向设置（如悬挂在大厅、疏散通道上方等），指示"安全出口"在前方； 沿疏散方向设置在地面上，指示"安全出口"在前方； 设置在"逃生梯"等设施旁，指示"安全出口"在上方； 设置在"安全出口"上方，指示可向上疏散至室外

序号	组合使用示例	应用说明
2		指示"安全出口"在左上方
3		指示"安全出口"在左方
4		指示"安全出口"在左下方

位于两个安全出口中间的"安全出口"标志与
方向辅助标志组合使用示例　　　　表2-11

序号	组合使用示例	应用说明
1		指示向左或向右皆可到达安全出口

序号	组合使用示例	应用说明
2		指示向左或向右皆可到达安全出口

"消防按钮"标志与方向辅助标志组合使用示例 表 2-12

序号	组合使用示例	应用说明
1		指示"消防按钮"在左方
2		指示"消防按钮"在右方

"消防电话"标志与方向辅助标志组合使用示例 表 2-13

序号	组合使用示例	应用说明
1		指示"消防电话"在左方

序号	组合使用示例	应用说明
2		指示"消防电话"在右方

"手提式灭火器"标志与方向辅助标志组合使用示例 表 2-14

序号	组合使用示例	应用说明
1		指示"手提式灭火器"在左方
2		指示"手提式灭火器"在左下方

"消防软管卷盘"标志与方向辅助标志组合使用示例   表 2-15

序号	组合使用示例	应用说明
1		指示"消防软管卷盘"在左方

序号	组合使用示例	应用说明
2		指示"消防软管卷盘"在右下方

"地上消火栓"标志与方向辅助标志组合使用示例　表 2-16

序号	组合使用示例	应用说明
1		指示"地上消火栓"在左方
2		指示"地上消火栓"在右方

标志、方向辅助标志与文字辅助标志组合制作示例见表 2-17～表 2-18。

标志、方向辅助标志与文字辅助标志组合制作示例　表 2-17

序号	组合制作示例	制作说明
1		保留内部衬边
2		保留内部衬边
3		省略内部衬边

标志、方向辅助标志与文字辅助标志组合使用示例　表 2-18

序号	组合使用示例	应用说明
1		指示"安全出口"在右方
2		指示向左或向右皆可到达安全出口

序号	组合使用示例	应用说明
3		指示"火灾报警按钮"在左方
4		指示"地上消火栓"在右方

三、施工现场消防安全措施

建设工程施工现场火灾风险多，危害大，原因如下：

（1）施工临时员工多，流动性强，素质参差不齐；

（2）施工现场临建设施多，防火标准低；

（3）施工现场易燃、可燃材料多；

（4）动火作业多、露天作业多、立体交叉作业多、违章作业多；

（5）现场管理及施工过程受外部环境影响大。

《中华人民共和国消防法》规定了消防工作的方针是"预防为主，防消结合"。"防"和"消"是不可分割的整体，两者相辅相成，互为补充。调查发现，施工现场火灾主要因用火、用电、用气不慎和初起火灾扑灭不及时所导致。

针对建设工程施工现场的特点及发生火灾的主要原因，施工现场的防火责任单位应按照国家消防工作方针和《建设工程施工现场消防安全技术规范》GB 50720—2011 的规定，针对"用火用电、用气和扑灭初起火灾"等关键环节，遵循"以人为本、因地制宜、立足自救"的原则，制订并采取"安全可靠、经济适用、方便有效"的防火措施。

施工现场发生火灾时，应以"扑灭初期火灾和保护人身安全"为主要任务。当人身和财产安全均受到威胁时，应以保护人身安全为首要任务。

（一）施工现场总平面布局

依据《建设工程施工现场消防安全技术规范》GB 50720—2011 规定，施工现场总平面布局应确定下列临建设施的位置：

（1）施工现场的出入口、围墙、围挡；

（2）场内临时道路；

（3）给水管网或管路和配电线路敷设或架设的走向、高度；

（4）施工现场办公用房、宿舍、发电机房、配电房、可燃材料库房、易燃易爆危险品库房、可燃材料堆场及其加工场、固定动火作业场等；

（5）临时消防车道、消防救援场地和消防水源。

施工现场出入口的设置应满足消防车通行的要求，并宜布置在不同方向，其数量不宜少于2个。当确有困难只能设置1个出入口时，应在施工现场内设置满足消防车通行的环形道路。施工现场临时办公、生活、生产、物料存贮等功能区宜相对独立布置，并应保持足够的防火间距。固定动火作业场应布置在可燃材料堆场及其加工场、易燃易爆危险品库房等全年最小频率风向的上风侧；宜布置在临时办公用房、宿舍、可燃材料库房、在建工程等全年最小频率风向的上风侧。

1. 防火间距

依据《建设工程施工现场消防安全技术规范》GB 50720—2011 规定，并参照公安部《建筑工地防火基本措施》，综合考虑各地区发展的不平衡性及不同施工现场的差异性，确定以不少于75％的调研对象能够达到的防火间距作为本标准的临建设施的最小防火间距。

相邻两栋建筑成列布置时，其最小防火间距是指相邻两纵墙外边线间的最小距离。易燃易爆危险品库房与在建工程的防火间距不应小于15m，可燃材料堆场及其加工场、固定动火作业场与在建工程的防火间距不应小于10m，其他临时用房、临时设施与在建工程的防火间距不应小于6m。

施工现场主要临时用房、临时设施的防火间距不应小于表3-1的规定，当办公用房、宿舍成组布置时，其防火间距可适当减小，但应符合以下要求：

（1）每组临时用房的栋数不应超过10栋，组与组之间的防火间距不应小于8m；

（2）组内临时用房之间的防火间距不应小于3.5m；当建筑

构件燃烧性能等级为 A 级时，其防火间距可减少到 3m。

施工现场主要临时用房、临时设施的防火间距（m）表 3-1

名称\间距\名称	办公用房、宿舍	发电机房、变配电房	可燃材料库房	厨房操作间、锅炉房	可燃材料堆场及其加工场	固定动火作业场	易燃、易爆危险品库房
办公用房、宿舍	4	4	5	5	7	7	10
发电机房、变配电房	4	4	5	5	7	7	10
可燃材料库房	5	5	5	5	7	7	10
厨房操作间、锅炉房	5	5	5	5	7	7	10
可燃材料堆场及其加工场	7	7	7	7	7	10	10
固定动火作业场	7	7	7	7	10	10	12
易燃易爆危险品库房	10	10	10	10	10	12	12

注：1 临时用房、临时设施的防火间距应按临时用房外墙外边线或堆场、作业场、作业棚边线间的最小距离计算，当临时用房外墙有突出可燃构件时，应从其突出可燃构件的外缘算起；
2 两栋临时用房相邻较高一面的外墙为防火墙时，防火间距不限；
3 本表未规定的，可按同等火灾危险性的临时用房、临时设施的防火间距确定。

2. 消防车道

依据《建设工程施工现场消防安全技术规范》GB 50720—2011 规定，施工现场内应设置临时消防车道，临时消防车道与在建工程、临时用房、可燃材料堆场及其加工场的距离，不宜小于 5m，且不宜大于 40m；施工现场周边道路满足消防车通行及灭火救援要求时，施工现场内可不设置临时消防车道。

下列建筑应设置环形临时消防车道：

（1）建筑高度大于 24m 的在建工程；

（2）建筑工程单体占地面积大于 3000m² 的在建工程；

（3）超过 10 栋，且为成组布置的临时用房。

临时消防车道的设置应符合下列规定：

（1）临时消防车道宜为环形，如设置环形车道确有困难，应在消防车道尽端设置尺寸不小于 12m×12m 的回车场；

（2）临时消防车道的净宽度和净空高度均不应小于 4m；

（3）临时消防车道的右侧应设置消防车行进路线指示标识；

（4）临时消防车道路基、路面及其下部设施应能承受消防车通行压力及工作荷载。

设置环形临时消防车道确有困难时，除应设置回车场外，还应设置临时消防救援场地，临时消防救援场地的设置应符合下列要求：

（1）临时消防救援场地应在在建工程装饰装修阶段设置；

（2）临时消防救援场地应设置在成组布置的临时用房场地的长边一侧及在建工程的长边一侧；

（3）场地宽度应满足消防车正常操作要求且不应小于 6m，与在建工程外脚手架的净距不宜小于 2m，且不宜超过 6m。

（二）临时设施消防布置要求

依据《建设工程施工现场消防安全技术规范》GB 50720—2011 规定，并参照《建筑设计防火规范》GB 50016—2014，由于宿舍、办公用房是施工现场人员相对集中场所，火灾危害相对较大，因此规定宿舍、办公用房的防火设计应符合下列规定：

（1）建筑构件的燃烧性能等级应为 A 级。当采用金属夹芯板材时，其芯材的燃烧性能等级应为 A 级；

（2）建筑层数不应超过 3 层，每层建筑面积不应大于 $300m^2$；

（3）层数为 3 层或每层建筑面积大于 $200m^2$ 时，应设置不少于 2 部疏散楼梯，房间疏散门至疏散楼梯的最大距离不应大于 25m；

（4）单面布置用房时，疏散走道的净宽度不应小于 1.0m；双面布置用房时，疏散走道的净宽度不应小于 1.5m；

（5）疏散楼梯的净宽度不应小于疏散走道的净宽度；

（6）宿舍房间的建筑面积不应大于 $30m^2$，其他房间的建筑

面积不宜大于 $100m^2$；

（7）房间内任一点至最近疏散门的距离不应大于 15m，房门的净宽度不应小于 0.8m，房间建筑面积超过 $50m^2$ 时，房门的净宽度不应小于 1.2m；

（8）隔墙应从楼地面基层隔断至顶板基层底面。

发电机房、变配电房、厨房操作间、锅炉房、可燃材料库房及易燃易爆危险品库房的防火设计应符合下列规定：

（1）建筑构件的燃烧性能等级应为 A 级；

（2）层数应为 1 层，建筑面积不应大于 $200m^2$；

（3）可燃材料库房单个房间的建筑面积不应超过 $30m^2$，易燃易爆危险品库房单个房间的建筑面积不应超过 $20m^2$；

（4）房间内任一点至最近疏散门的距离不应大于 10m，房门的净宽度不应小于 0.8m。

其他防火设计应符合下列规定：

（1）宿舍、办公用房不应与厨房操作间、锅炉房、变配电房等组合建造；

（2）会议室、文化娱乐室等人员密集的房间应设置在临时用房的第一层，其疏散门应向疏散方向开启。

（三）在建工程的安全疏散

不同施工现场和作业场所，其条件千差万别。安全疏散通道设置的数量、位置及形式应依据疏散人员的峰值，并结合施工现场实际情况，以满足人员迅速、有序、安全撤离火场为原则，进行确定。

依据《建设工程施工现场消防安全技术规范》GB 50720—2011 规定，在建工程应设置临时疏散通道。基于经济、安全的考虑，安全疏散通道应尽可能利用在建工程结构已完工的水平结构、建筑楼梯，也可采用不燃及难燃材料制作的其他临时疏散设施。

在建工程作业场所临时疏散通道的设置应符合下列规定：

（1）耐火极限不应低于 0.5h；

（2）设置在地面上的临时疏散通道，其净宽度不应小于1.5m；利用在建工程施工完毕的水平结构、楼梯作临时疏散通道，其净宽度不应小于1.0m；用于疏散的爬梯及设置在脚手架上的临时疏散通道，其净宽度不应小于0.6m；

（3）临时疏散通道为坡道时，且坡度大于25°时，应修建楼梯或台阶踏步或设置防滑条；

（4）临时疏散通道不宜采用爬梯，确需采用爬梯时，应有可靠固定措施；

（5）临时疏散通道的侧面如为临空面，必须沿临空面设置高度不小于1.2m的防护栏杆；

（6）临时疏散通道设置在脚手架上时，脚手架应采用不燃材料搭设；

（7）临时疏散通道应设置明显的疏散指示标识；

（8）临时疏散通道应设置照明设施。

由于施工现场火灾常发生在作业场所，在建工程疏散通道应与同层水平结构同期施工，并与作业面相连接，能满足人员疏散的基本条件。

疏散通道搭设在外脚手架上，外脚手架作为疏散通道的支撑结构，其承载力和耐火极限不应低于疏散通道。外脚手架、支模架的架体宜采用不燃或难燃材料搭设，其中，下列工程的外脚手架、支模架的架体应采用不燃材料搭设：

（1）高层建筑；

（2）既有建筑改造工程。

为方便作业人员在紧急、慌乱时刻迅速找到疏散通道，达到人员有序疏散的目的，作业场所应设置明显的疏散指示标志，其指示方向应指向最近的临时疏散通道入口。作业层的醒目位置应设置安全疏散示意图。

（四）消防设施要求

依据《建设工程施工现场消防安全技术规范》GB 50720—

2011 规定，工程开工前，应对施工现场的临时消防设施进行设计。

施工现场临时消防设施设计至少应包含以下内容：

（1）灭火器配置设计，明确配置灭火器的场所，不同场所灭火器配置的类型、数量、最低标准等内容；

（2）临时消防给水系统设计，确定消防水源，临时消防给水管网的管径、敷设路线、给水工作压力及消防水池、消火栓等设施的位置、规格、数量等内容；

（3）临时应急照明设计，明确设置应急照明的场所，不同场所应急照明灯具的类型、数量、具体位置及最低照度要求等内容；

（4）在建工程永久性消防设施临时投入使用的安排及说明。

临时消防设施包括灭火器、临时消防给水系统和临时消防应急照明等。基于经济考虑，装饰装修阶段，施工现场应合理利用已施工完毕的在建工程永久性消防设施兼作施工现场的临时消防设施，在建工程永久性消防设施临时投入使用前，临时消防设施不应被拆除。临时消防设施的设置宜与在建工程结构施工保持同步。

对于房屋建筑工程，新近施工的楼层，因技术间隙的原因，模板及支模板不能及时拆除，临时消防设施的设置难以及时跟进，与主体结构工程施工进度存在 2～3 层的差距，因此与主体结构工程施工进度的差距不应超过 3 层。

隧道内的作业场所应配备防毒面具，其数量不应少于预案中确定的需进入隧道内进行灭火救援的人数。隧道内发生火灾时，灭火救援人员应佩戴防毒面具进行灭火救援，其他人员应尽快疏散撤离。

1. 灭火器

施工现场的下列场所应配置灭火器：

（1）可燃、易燃物存放及其使用场所；

（2）动火作业场所；

（3）自备发电机房、配电房等设备用房；

（4）施工现场办公、生活用房；

（5）其他具有火灾危险的场所。

参照《建筑灭火器配置设计规范》GB 50140—2005，灭火器配置应符合下列规定：

（1）灭火器的类型应与配备场所可能发生的火灾类型相匹配；

（2）灭火器的最低配置标准应符合表3-2的规定；

灭火器的最低配置标准 表 3-2

项目	固体物质火灾		液体或可熔化固体物质火灾、气体火灾	
	单具灭火器最小灭火级别	单位灭火级别最大保护面积（m^2/A）	单具灭火器最小灭火级别	单位灭火级别最大保护面积（m^2/B）
易燃易爆危险品存放及使用场所	3A	50	89B	0.5
固定动火作业场	3A	50	89B	0.5
临时动火作业点	2A	50	55B	0.5
可燃材料存放、加工及使用场所	2A	75	55B	1.0
厨房操作间、锅炉房	2A	75	55B	1.0
自备发电机房	2A	75	55B	1.0
变配电房	2A	75	55B	1.0
办公用房、宿舍	1A	100	—	—

（3）灭火器的配置数量应根据《建筑灭火器配置设计规范》GB 50140—2005计算确定，且每个场所的灭火器数量不应少于2具；

（4）灭火器的最大保护距离应符合表3-3的规定。

灭火器的最大保护距离（m）   表 3-3

灭火器配置场所	固体物质火灾	液体或可熔化固体物质火灾、气体火灾
易燃易爆危险品存放及使用场所	15	9
固定动火作业场	15	9
临时动火作业点	10	6
可燃材料存放、加工及使用场所	20	12
厨房操作间、锅炉房	20	12
发电机房、变配电房	20	12
办公用房、宿舍等	25	—

2. 消防给水系统

现场消防水源是设置临时消防给水系统的基本条件。施工现场或其附近应设置稳定、可靠的水源，并应能满足施工现场临时消防用水的需要。现场如无消防水源，则应通过增配灭火器数量的方法解决现场防火。

消防水源可采用市政给水管网或天然水源。当采用天然水源时，应采取措施确保冰冻季节、枯水期最低水位时顺利取水，并满足临时消防用水量的要求。临时消防用水量应为临时室外消防用水量与临时室内消防用水量之和。

临时用房建筑面积之和大于 $1000m^2$ 或在建工程单体体积大于 $10000m^3$ 时，应设置临时室外消防给水系统。当施工现场处于市政消火栓 150m 保护范围内且市政消火栓的数量满足室外消防用水量要求时，可不设置临时室外消防给水系统。

临时室外消防用水量应按临时用房和在建工程的临时室外消防用水量的较大者确定，施工现场火灾次数可按同时发生 1 次确定。

参照《建设设计防火规范》GB 50016—2014，临时用房的临时室外消防用水量不应小于表 3-4 的规定；在建工程的临时室外消防用水量不应小于表 3-5 的规定。

临时用房的临时室外消防用水量 表 3-4

临时用房的建筑 面积之和	火灾延续时间 (h)	消火栓用水量 (L/s)	每支水枪最小流量 (L/s)
$1000m^2 <$面积$\leqslant 5000m^2$	1	10	5
面积$>5000m^2$		15	5

在建工程的临时室外消防用水量 表 3-5

在建工程(单体) 体积	火灾延续时间 (h)	消火栓用水量 (L/s)	每支水枪最小流量 (L/s)
$10000m^3 <$体积$\leqslant 30000m^3$	1	15	5
体积$>30000m^3$	2	20	5

施工现场临时室外消防给水系统的设置应符合下列要求：

（1）给水管网宜布置成环状；

（2）临时室外消防给水干管的管径应依据施工现场临时消防用水量和干管内水流计算速度进行计算确定，且不应小于 $DN100$；

（3）室外消火栓应沿在建工程、临时用房及可燃材料堆场及其加工场均匀布置，距在建工程、临时用房及可燃材料堆场及其加工场的外边线不应小于 5m；

（4）消火栓的间距不应大于 120m；

（5）消火栓的最大保护半径不应大于 150m。

建筑高度大于 24m 或单体体积超过 $30000m^3$ 的在建工程，应设置临时室内消防给水系统。

在建工程的临时室内消防用水量不应小于表 3-6 的规定。

在建工程的临时室内消防用水量 表 3-6

建筑高度、在建工程体积 (单体)	火灾延续时间 (h)	消火栓用水量 (L/s)	每支水枪最小流量 (L/s)
$24m<$建筑高度$\leqslant 50m$ 或 $30000m^3$ $<$体积$\leqslant 50000m^3$	1	10	5
建筑高度$>50m$ 或体积$>50000m^3$		15	5

在建工程室内临时消防竖管的设置应符合下列要求：

（1）消防竖管的设置位置应便于消防人员操作，其数量不应少于 2 根，当结构封顶时，应将消防竖管设置成环状；

（2）消防竖管的管径应根据在建工程临时消防用水量、竖管内水流计算速度进行计算确定，且不应小于 $DN100$。

设置室内消防给水系统的在建工程，应设消防水泵接合器。消防水泵接合器应设置在室外便于消防车取水的部位，与室外消火栓或消防水池取水口的距离宜为 15～40m。

设置临时室内消防给水系统的在建工程，各结构层均应设置室内消火栓接口及消防软管接口，并应符合下列要求：

（1）消火栓接口及软管接口应设置在位置明显且易于操作的部位；

（2）消火栓接口的前端应设置截止阀；

（3）消火栓接口或软管接口的间距，多层建筑不大于 50m，高层建筑不大于 30m。

在建工程结构施工完毕的每层楼梯处，应设置消防水枪、水带及软管，且每个设置点不少于 2 套。

高度超过 100m 的在建工程，应在适当楼层增设临时中转水池及加压水泵。中转水池的有效容积不应少于 10m³，上下两个中转水池的高差不宜超过 100m。当外部消防水源不能满足施工现场的临时消防用水量要求时，应在施工现场设置临时贮水池。临时贮水池宜设置在便于消防车取水的部位，其有效容积不应小于施工现场火灾延续时间内一次灭火的全部消防用水量。当消防水源的给水压力不能满足消防给水管网的压力要求时，应设置消防水泵。消防水泵应按照一用一备的要求进行配置。

临时消防给水系统的给水压力应满足消防水枪充实水柱长度不小于 10m 的要求；给水压力不能满足要求时，应设置消火栓泵，消火栓泵不应少于 2 台，且应互为备用；消火栓泵宜设置自动启动装置。

施工现场临时消防给水系统应与施工现场生产、生活给水系统合并设置，但应设置将生产、生活用水转为消防用水的应急阀门。应急阀门不应超过 2 个，且应设置在易于操作的场所，并设置明显标识。

严寒和寒冷地区的现场临时消防给水系统，应采取防冻措施。

3. 消防电气

火灾发生时，为避免施工现场取水泵、消防水泵因电力中断而无法运行，导致消防用水难以保证，施工现场的取水泵和消防水泵应采用专用配电线路。专用配电线路应自施工现场总配电箱的总断路器上端接入，并应保持连续不间断供电。

施工现场的下列场所应配备临时应急照明，其照度值不应低于正常工作所需照度值：

（1）自备发电机房及变、配电房；

（2）水泵房；

（3）无天然采光的作业场所及疏散通道；

（4）高度超过 100m 的在建工程的室内疏散通道；

（5）发生火灾时仍需坚持工作的其他场所。

临时消防应急照明灯具宜选用自备电源的应急照明灯具，自备电源的连续供电时间不应小于 60min。作业场所应急照明的照度不应低于正常工作所需照度的 90%，疏散通道的照度值不应小于 0.5lx。

（五）施工现场作业防火要求

1. 一般规定

依据《建设工程施工现场消防安全技术规范》GB 50720—2011 规定，在建工程所用保温、防水、装饰、防火材料的燃烧性能应符合设计要求。外脚手架、支模架、操作架、防护架的架体，宜采用不燃或难燃材料搭设，有利于减少施工现场火灾发生的几率。

施工现场动火作业前，应先提出动火作业申请，动火作业申请至少应包含动火作业的人员、内容、部位或场所、时间、作业环境及灭火救援措施等内容。施工作业安排时，宜将动火作业安排在使用可燃、易燃建筑材料的施工作业之前。施工现场动火作业应履行审批手续。

施工现场具有爆炸危险的场所，主要指存放油漆、稀料、醇酸清漆、乙炔、氧气、雷管等甲、乙类可燃物品或火工品的场所及通风条件不良的室内油漆作业场所。具有爆炸危险的场所禁止动火作业。

2. 施工现场用火、用电、用气

采用可燃保温、防水材料进行保温、防水施工时，应组织分段流水施工，并及时隐蔽，严禁在裸露的可燃保温、防水材料上直接进行动火作业。

油漆由油脂、树脂、颜料、催干剂、增塑剂和各种溶剂组成，除无机颜料外，绝大部分是可燃物。油漆的有机溶剂（又称稀释料、稀释剂）由易燃液体如溶剂油、苯类、酮类、酯类、醇类等组成。油漆调配和喷刷过程中，会大量挥发出易燃气体，当易燃气体与空气混合达到5％的浓度时，会因动火作业火星、静电火花引起爆炸和火灾事故。因此室内使用油漆、有机溶剂或可能产生可燃气体的物质，应保持室内良好通风，严禁动火作业、吸烟及其他可能产生静电的施工操作。

施工现场调配油漆、稀料、醇酸清漆的安全作业地点是指距火源及动火作业场所、人员密集场所、易燃易爆物不小于10m的室外露天场所。

施工现场动火作业不慎引起可燃、易燃建筑材料，是导致火灾事故发生的主要原因。为此，施工现场动火作业，应符合下列要求：

（1）动火作业应办理动火许可证；动火许可证的签发人收到动火申请后，应前往现场查验并确认动火作业的防火措施落实后，方可签发动火许可证；

（2）动火操作人员应具有相应资格；

（3）焊接、切割、烘烤或加热等动火作业前，应对作业现场的可燃物进行清理；对于作业现场及其附近无法移走的可燃物，应采用不燃材料对其覆盖或隔离；

（4）施工作业安排时，宜将动火作业安排在使用可燃建筑材料的施工作业前进行。确需在使用可燃建筑材料的施工作业之后进行动火作业，应采取可靠的防火措施；

（5）裸露的可燃材料上严禁直接进行动火作业；

（6）焊接、切割、烘烤或加热等动火作业，应配备灭火器材，并设动火监护人进行现场监护，每个动火作业点均应设置一个监护人；

（7）五级（含五级）以上风力时，应停止焊接、切割等室外动火作业，否则应采取可靠的挡风措施；

（8）动火作业后，应对现场进行检查，确认无火灾危险后，动火操作人员方可离开；

（9）具有火灾、爆炸危险的场所严禁明火；

（10）施工现场不应采用明火取暖；

（11）厨房操作间炉灶使用完毕后，应将炉火熄灭，排油烟机及油烟管道应定期清理油垢。

施工现场用电，应符合下列要求：

（1）施工现场供用电设施的设计、施工、运行、维护应符合现行国家标准《建设工程施工现场供用电安全规范》GB 50194—2014 的要求；

（2）电气线路应具有相应的绝缘强度和机械强度，严禁使用绝缘老化或失去绝缘性能的电气线路，严禁在电气线路上悬挂物品。破损、烧焦的插座、插头应及时更换；

（3）电气设备与可燃、易燃易爆和腐蚀性物品应保持一定的安全距离；

（4）有爆炸和火灾危险的场所，按危险场所等级选用相应的电气设备；

（5）配电屏上每个电气回路应设置漏电保护器、过载保护器，距配电屏 2m 范围内不应堆放可燃物，5m 范围内不应设置可能产生较多易燃、易爆气体、粉尘的作业区；

（6）可燃材料库房不应使用高热灯具，易燃易爆危险品库房内应使用防爆灯具；

（7）普通灯具与易燃物距离不宜小于 300mm；聚光灯、碘钨灯等高热灯具与易燃物距离不宜小于 500mm。

（8）电气设备不应超负荷运行或带故障使用；

（9）禁止私自改装现场供用电设施；

（10）应定期对电气设备和线路的运行及维护情况进行检查。

施工现场常用的可燃气体有瓶装氧气、乙炔、液化气及管道天然气等，输送、盛装可燃气体的专用管道、气瓶及其附件不合格和违规盛装、运输、存储、使用可燃气体是导致火灾、爆炸的主要原因，因此施工现场用气，应符合下列要求：

（1）储装气体的罐瓶及其附件应合格、完好和有效；严禁使用减压器及其他附件缺损的氧气瓶，严禁使用乙炔专用减压器、回火防止器及其他附件缺损的乙炔瓶；

（2）气瓶运输、存放、使用时，应符合下列规定：

1）气瓶应保持直立状态，并采取防倾倒措施，乙炔瓶严禁横躺卧放；

2）严禁碰撞、敲打、抛掷、滚动气瓶；

3）气瓶应远离火源，距火源距离不应小于 10m，并应采取避免高温和防止暴晒的措施；

4）燃气储装瓶罐应设置防静电装置；

（3）气瓶应分类储存，库房内通风良好；空瓶和实瓶同库存放时，应分开放置，两者间距不应小于 1.5m；

（4）气瓶使用时，应符合下列规定：

1）使用前，应检查气瓶及气瓶附件的完好性，检查连接气路的气密性，并采取避免气体泄漏的措施，严禁使用已老化的橡皮气管；

2）氧气瓶与乙炔瓶的工作间距不应小于 5m，气瓶与明火作业点的距离不应小于 10m；

3）冬季使用气瓶，如气瓶的瓶阀、减压器等发生冻结，严禁用火烘烤或用铁器敲击瓶阀，禁止猛拧减压器的调节螺丝；

4）氧气瓶内剩余气体的压力不应小于 0.1MPa；

5）气瓶用后，应及时归库。

（六）施工现场消防安全管理

施工现场一般有多个参与的单位，建设单位或工程总承包单位对施工现场防火实施统一管理，对施工现场总平面布局图、施工临建、安全疏散、临时消防设施、作业防火及施工现场消防安全管理进行总体规划、安排、落实，避免各自为政、管理缺失、责任不明等情形发生，确保施工现场防火管理落到实处。

施工现场的消防安全管理由施工单位负责。实行施工总承包的，由总承包单位负责。分包单位应向总承包单位负责，并应服从总承包单位的管理，同时应承担国家法律、法规规定的消防责任和义务。监理单位应对施工现场的消防安全管理实施监理。

施工单位应根据建设项目规模、现场消防安全管理的重点，在施工现场建立消防安全管理组织机构及义务消防组织，并应确定消防安全负责人和消防安全管理人，同时应落实相关人员的消防安全管理责任。

施工单位应针对施工现场可能导致火灾发生的施工作业及其他活动，制定消防安全管理制度。消防安全管理制度应包括下列主要内容：

（1）消防安全教育与培训制度；

（2）可燃及易燃易爆危险品管理制度；

（3）用火、用电、用气管理制度；

（4）消防安全检查制度；

（5）应急预案演练制度。

施工过程中，施工现场安全管理人员应对施工现场的消防安全管理工作和消防安全状况进行检查，消防安全监察的内容主要有：施工现场消防安全管理制度的建立与落实、消防安全管理方案的编制与实施、消防安全教育与技术交底的执行、临时消防设施及疏散设施的配备和维护、消防应急预案的编制与演练、施工现场作业防火措施的落实及施工现场消防安全状况等。

1. 施工现场消防技术管理

施工单位应编制施工现场防火技术方案，并应根据现场情况变化及时对其修改、完善。防火技术方案应包括下列主要内容：

（1）施工现场重大火灾危险源辨识；

（2）施工现场防火技术措施；

（3）临时消防设施、临时疏散设施配备；

（4）临时消防设施和消防警示标识布置图。

施工单位应编制施工现场灭火及应急疏散预案。灭火及应急疏散预案应包括下列主要内容：

（1）应急灭火处置机构及各级人员应急处置职责；

（2）报警、接警处置的程序和通讯联络的方式；

（3）扑救初起火灾的程序和措施；

（4）应急疏散及救援的程序和措施。

消防安全教育、培训及消防安全技术交底是预防火灾、减少火灾损失的主要手段。消防安全教育、培训应侧重于普遍提高施工人员的消防安全意识和扑灭初起火灾、自我防护的能力。消防安全技术交底应针对具体的施工作业和施工条件，向作业人员传授如何预防火灾、扑灭初起火灾、自救逃生等方面的知识、技能。施工人员进场前，施工现场的消防安全管理人员应向施工人员进行消防安全教育和培训。防火安全教育和培训应包括下列内容：

（1）施工现场消防安全管理制度、防火技术方案、灭火及应急疏散预案的主要内容；

（2）施工现场临时消防设施的性能及使用、维护方法；

（3）扑灭初起火灾及自救逃生的知识和技能；

（4）报火警、接警的程序和方法。

消防安全技术交底是安全技术交底的一部分，应在动火作业，或分部分项工程施工前进行。消防安全技术交底既可与安全技术交底一并进行，也可单独进行。施工作业前，施工现场的施工管理人员应向作业人员进行消防安全技术交底。消防安全技术交底应包括下列主要内容：

（1）施工过程中可能发生火灾的部位或环节；

（2）施工过程应采取的防火措施及应配备的临时消防设施；

（3）初起火灾的扑救方法及注意事项；

（4）逃生方法及路线。

施工过程中，施工现场的消防安全负责人应定期组织消防安全管理人员对施工现场的消防安全进行检查。消防安全检查应包括下列主要内容：

（1）可燃物及易燃易爆危险品的管理是否落实；

（2）动火作业的防火措施是否落实；

（3）用火、用电、用气是否存在违章操作，电、气焊及保温防水施工是否执行操作规程；

（4）临时消防设施是否完好有效；

（5）临时消防车道及临时疏散设施是否畅通。

施工单位应做好并保存施工现场消防安全管理的相关文件和记录，建立现场消防安全管理档案。施工现场消防安全管理档案包括以下文件和记录：

（1）组建施工现场消防安全管理机构及聘任施工现场消防管理人员的文件；

（2）施工现场消防安全管理办法、消防安全生产责任制度及其审批文件；

（3）施工现场消防安全管理方案及其审批文件；

（4）施工现场消防应急预案及其审批文件；

（5）消防安全教育和培训记录；

（6）施工现场消防安全技术交底记录；

（7）消防设备、设施、器材验收记录；

（8）消防设备、设施、器材台账及更换、增减记录；

（9）应急救援预案演练记录；

（10）消防安全检查记录（含防火巡查记录、定期检查记录、专项检查记录、季节性检查记录、消防安全问题或隐患整改通知单、问题或隐患整改回复单、问题或隐患整改复查记录）；

（11）火灾事故记录及火灾事故调查报告；

（12）施工现场消防安全管理奖惩记录。

2. 其他要求

控制并减少施工现场易燃、易爆物的存量，是减少施工现场火灾危害的措施之一，易燃、易爆物应按计划限量进场，并按不同性质分类，专库储存。

由于施工现场的临时消防设施受外部环境、交叉作业影响，易失效或损坏或丢失，因此施工单位应做好施工现场临时消防设施的日常维护工作，对已失效、损坏或丢失的消防设施，应及时更换、修复或补充。严禁占用、堵塞和损坏安全疏散通道和安全出口，严禁随意遮挡和挪动疏散指示标志。

施工现场的重点防火部位主要指施工现场的临时发电机房、变配电房、易燃易爆物存放库房和使用场所、可燃材料堆场及其加工厂、食物制作间、锅炉房、宿舍等场所。施工现场的重点防火部位或区域，应设置防火警示标识。临时消防车道、临时疏散通道、安全出口应保持畅通，不得遮挡、挪动疏散指示标识，不得挪用消防设施。施工期间，临时消防设施及临时疏散设施不应被拆除。施工现场严禁吸烟。

四、消防安全教育培训、
应急演练及疏散逃生

（一）消防安全教育培训

消防安全教育属于建设工程项目消防安全管理中一项非常重要的工作，它具有长期性、经常性的特点，通过开展消防安全教育提高全体建筑施工人员的消防安全意识，使每位施工人员做到知法守法，营造良好安全施工氛围。提升全员整体消防安全意识，掌握防火、灭火技术和逃生自救能力。

1.《社会消防安全教育培训规定》

消防安全教育培训的内容应当符合全国统一的消防安全教育培训大纲的要求，主要包括：国家消防工作方针、政策；消防法律法规；火灾预防知识；火灾扑救、人员疏散逃生和自救互救知识；其他应当教育培训的内容。

2. 消防安全教育培训内容

消防安全教育的形式多种多样，主要包括新工人入场的消防安全教育、班前安全教育、周一安全教育、特殊工种教育、管理人员消防安全教育、工人夜校、班组长培训、安全监督人员的安全教育、安全消防保卫系统人员的业务培训和现场急救知识培训等。

消防安全教育的主要内容包括：国家有关消防安全管理方面的法律法规教育；地方政府消防监督部门的规范标准规定的教育；工程项目制定的消防安全管理的规定；消防安全责任制；一般消防安全知识教育；消防安全标志的培训；消防应急演练；消防安全危险源告知；火灾案例；常见的消防安全隐患；吸烟及危险物品的管理规定；常用消防设施设备；消防通道及应急设施；气瓶（氧气乙炔瓶、液化气瓶）、用电（现场、办公区、宿舍区）

安全管理；电气焊施工安全等。

（二）灭火演练

为了在发生火灾事故时，各施工企业、各施工现场能及时开展自救、互救和救援，有效控制事态发展，防止事故扩大，减少火灾事故对现场人员的伤害，降低火灾事故引起的负面影响，避免因救援措施不当而引发次生事故，最终达到预防和减少人员伤亡和财产损失的目的，各施工企业、各施工现场均应开展消防应急演练，具体要求如下：

1. 编制消防应急救援预案

生产经营单位应成立应急预案编制工作组、收集相关资料、进行风险评估、应急预案能力评估、编制消防应急救援专项预案并进行预案评审。

2. 编制消防应急演练方案

根据应急救援预案编制消防应急演练方案，主要内容包括：演练目的、演练事故情景设计、演练规模及时间、参演单位和人员主要任务及职责、演练筹备工作内容、应急演练主要步骤、演练技术支撑及保障条件、演练评估与总结。

3. 实施消防应急演练

组织各参演单位及人员熟悉各自任务和角色，并按照演练方案要求组织开展演练准备工作。确认演练所需的工具、设备、设施、技术资料以及参演人员到位。对应急演练安全保障方案以及设施设备进行检查确认，确保完好。下达演练开始指令，参演单位及人员按照设定的事故情景，实施相应的应急响应行动，直至完成全部演练内容。演练过程中安排专人采用文字、照片和音像等手段记录演练过程。同时在演练过程中展开演练评估工作，记录演练中发现的问题或不足，收集演练评估需要的各种信息和资料，并撰写书面评估报告。

4. 演练总结及持续改进

应急演练活动结束后，将演练工作方案以及演练评估、总结报告、过程相关照片、视频、音频资料归档保存。根据演练评估报告中对应急预案的改进建议，由编制部门持续对预案进行修订完善。

（三）安全疏散与逃生

在建工程作业场所的临时疏散通道应采用不燃、难燃材料建造，且与建筑结构施工保持同步，并与作业场所相连通，同时基于经济、安全考虑，疏散通道应尽可能利用在建工程结构已完的水平结构或楼梯。

在建工程作业场所临时疏散通道设置应符合下列规定：

（1）耐火极限不低于 0.5h；

（2）地面临时通道宽度不小于 1.5m；利用施工完毕的水平结构、楼梯作临时疏散通道时，净宽不小于 1m；用于疏散的爬梯及设置在脚手架上的临时疏散通道，其净宽不小于 0.6m；

（3）临时疏散通道为坡道，且坡度大于 25°时，应修建楼梯或台阶踏步或设置防滑条；

（4）通道的侧面为临空面时，应沿临空面设置高度不小于 1.2m 的防护栏杆。

对既有建筑物进行扩建、改建施工时，施工区不得营业、使用或居住，施工区与非施工区之间应采用不开设门、窗、洞口的耐火极限不低于 3h 的不燃体隔墙进行防火分隔。

疏散通道应具备与疏散要求相匹配的通行能力，承载力和耐火性能，当采用脚手架作为疏散通道的支撑结构时，其承载力和耐火性能应满足要求，对脚手架进行强度、刚度、稳定性验算时，应考虑人员疏散荷载，脚手架耐火性能不应低于疏散通道。

在建工程施工期间，作业层醒目位置须设置安全疏散示意图及疏散指示标志，其指示方向用指向最近的临时疏散通道入口。

（四）报火警注意事项

1. 报火警的对象

向周围的人员发出火灾报警，召集他们前来参加扑救或疏散物资；建设工程项目有义务消防队的，应迅速向他们报警。因为他们一般离火场较近，能较快到达火场；向公安消防队报警，会延误灭火时机；向受火灾威胁的人员发出报警，让他们迅速疏散至安全的地方。发出报警时根据火灾发展情况，做出局部或全部疏散的决定，并告诉群众要从容、镇定，避免引起慌乱、拥挤。

2. 报火警的方法

单位和个人可根据条件分别采取以下方法报警：

（1）向单位和周围的群众报警。在向单位和周围的人群报警时，可以使用电话、对讲机、喊话、喇叭、按火灾警铃等报警设施或其他约定的报警手段报警。

（2）向公安消防队报警。在向公安消防队报警时，可以拨打"119"火警电话向公安消防队报警。当没有电话且离消防队较近时，可骑自行车到消防队报警。总之，方法要因地制宜，以最快的速度将火警信号报出去为目的。

3. 打火警电话

在拨打火警电话向公安消防队报火警时，必须讲清以下内容：

（1）发生火灾的建设工程项目或个人的详细地址。包括街道名称、门牌号码，靠近何处等。建筑要讲明第几层楼等。总之，地址要讲得具体、明确。

（2）起火物，着火最好讲明何种建筑，如砖木结构、钢结构、高层建筑等。尤其要注意讲明的是起火物为何物，如汽油、保温材料、防水施工、木材等都应讲明白，以便消防部门根据情况派出相应的灭火车辆。

（3）火势情况。如只见冒烟、有火光、火势猛烈，有多少间房屋着火以及有无人员被困等。

（4）报警人姓名及所用电话的号码。报警人应当将自己的姓名及所用电话的号码告知接警台，以便消防部门联系和了解火场情况。报火警之后，应派人到路口接应消防车。

4. 报火警的要求

（1）一旦发生火灾，应将火场情况，在积极扑救的同时不失时机地报警。

（2）要学会正确的报警方法。

（3）不要存在侥幸心理，以为自己有足够的力量扑灭就不向消防队报警。

（4）不要怕影响评先进，怕消防车拉警报影响声誉而不报警。

（5）谎报火警的处罚。按照《中华人民共和国消防法》的规定：任何单位和个人在发现火灾时，引起火灾的人，火灾现场工作人员、起火现场的负责人负有及时报告火警和参与扑救的职责。任何人不得拖延报警，不得阻挠他人报警，其他发现火情的人，有义务也有权利报告火警。这是每个公民的义务。

（五）现场急救

当火灾发生时，采取正确的火场急救方法，可以使伤者减少痛苦或者挽救生命。根据不同的烧伤类型，采取不同的急救措施，具体如下：

1. 火灾现场急救的范围

发生烧伤后，伤员、消防队员及现场其他人员如何开展救他和自救，应该采取什么措施，来有效防止伤情的继续发展，使伤员得到保护，并接受简单的、应急的处理或安全的转送，都属于现场急救。

2. 火灾现场急救原则

烧伤后急救的原则是迅速移除致伤源，终止烧伤，脱离现场，并及时给予适当的处理。现场急救的重要性在于可以有效地减轻损伤程度，减少病人痛苦，降低并发症和死亡率。烧伤病人的现场急救是烧伤治疗的起始和基础，对以后的治疗和病人的生命安全都有十分重要的影响。

3. 伤害分类与急救方法

（1）热力烧伤的现场急救

热力烧伤主要包括热水、热液、蒸汽、火焰和热固体，以及辐射所造成的烧伤，因在日常生活中发生最多，因此出现错误的急救措施也较多，如最常使用的是在创面上涂抹牙膏、酱油、香油等，这些物品都不利于热量散发，同时可能加重创面污染。在火焰烧伤中，伤者奔跑呼喊，用手灭火；在油燃烧致伤中用水灭火等，这些做法都是不妥当的。

有效措施应当为立即去除致伤因素，并给予降温。如热液烫伤，应立即脱去被浸渍的衣物，使热力不再继续发挥作用，并尽快用凉水冲洗或浸泡，使受伤部位冷却，减轻疼痛和损伤程度。火焰烧伤时，切忌奔跑、呼喊，用手扑火，以免助火燃烧而引起头面部、呼吸道和手部烧伤，应就地滚动或用棉被、毯子等覆盖着火部位，适宜水冲的，以水灭火，不适宜水冲的，用灭火器等。

去除致伤因素后，创面应用冷水冲洗。在火场，对于烧伤创面，一般可不作特殊处理，尽量不要弄破水泡，不能涂甲紫一类有色的外用药，以免影响医生对烧伤面深度的判断。可用无菌敷料，没有条件的可用清洁布单或被服覆盖，尽量避免与外界直接接触。手足被烧时，应将各个手指、脚趾分开包扎，以防粘连。

（2）吸入性损伤的现场急救

吸入性损伤是指热空气、蒸气、烟雾、有害气体、挥发性化学物质等致伤因素和其中某些物质中的化学成分被人体吸入所造成的呼吸道和肺实质的损伤以及毒性气体和物质吸入引起的全身性化学中毒。

吸入性损伤主要归纳为以下三个方面。一是热损伤，吸入的干热或湿热空气直接造成呼吸道黏膜、肺实质的损伤；二是窒息，因缺氧或吸入窒息剂引起窒息是火灾中常见的死亡原因，由于在燃烧过程中，尤其是密闭环境中，大量的氧气被急剧消耗，而产生高浓度的二氧化碳，可使伤员窒息。另一方面，含碳物质不完全燃烧，可产生一氧化碳，含氮物质不完全燃烧可产生氰化氢，两者均为强力窒息剂，吸入人体后可引起氧代谢障碍，导致窒息；三是化学损伤，火灾烟雾中含有大量的粉尘颗粒和各种化学性物质，这些有害物质可通过局部刺激或吸收引起呼吸道黏膜的直接损伤和广泛的全身中毒反应。

比较合理的急救方法是迅速使伤员脱离火灾现场，置于通风良好的地方，清除口鼻分泌物和碳粒，保持呼吸道通畅，有条件者给予导管吸氧，判断是否有窒息剂如一氧化碳、氰化氢中毒的可能性，及时送医疗中心进一步处理，途中要严密观察，防止因窒息而死亡。

（3）烧伤伴合并伤的现场急救

火灾现场造成的损伤，往往还伴有其他损伤，如煤气、油料爆炸，可伴有爆震伤；房屋倒塌，车祸时可伴有挤压伤；另外，还可造成颅脑损伤、骨折、内脏损伤、大出血等。在急救中，对危急病人生命的合并伤，应迅速给予处理，如活动性出血，应给予压迫或包扎止血。开放性损伤争取灭菌包扎或保护，合并颅脑、脊柱损伤者，应在注意制动下小心搬动。合并骨折者，给予简单固定等。

（4）火灾现场发生毒气吸入的现场急救。

木材等含碳量高的物质经燃烧都会产生一氧化碳，被人体吸入后常出现头痛、恶心、呕吐、乏力甚至昏厥等症状，更有甚者导致窒息死亡。施工现场遇到一氧化碳中毒者，应立即将其移到空气新鲜的地方，并将其衣服松解。同时要注意保暖，然后确认有无呼吸和心跳，再对其采取相应的急救措施。当人因火、烟、外伤或疾病等原因，突然意识不清、呼吸或心跳停止，或者因大出血而生命垂危时，应立即对其采取心肺复苏法和止血法等应急抢救措施。

（5）经现场急救后，转送前的注意事项。

经过现场急救后，为使伤员能够得到及时系统的治疗，应尽快转送医院，送院的原则是尽早、尽快、就近。对于有骨折的伤员，应当对骨折部位进行固定，对于火场简易急救后的伤员，应当在护送前及护送途中注意防止休克。搬运伤员时动作要轻柔，行动要平稳，以尽量减少伤痛。

火灾烧伤后现场急救是一项十分重要而又艰巨的社会性工作，需要多方力量的密切配合，当发生大的火灾，有较重大人员伤亡时，现场急救工作应摆在突出位置。一般发生火灾时，消防员往往是火灾急救的主力军，但掌握必要的火灾现场急救也是必不可少的，一方面能够减轻伤者的伤情，另一方面能够为后续急救争取时间。

五、火灾案例分析

案例：某高层公寓大楼火灾案例分析

（一）起火事故基本情况

事发公寓小区于 2010 年开始实施节能综合改造项目施工。该施工内容主要包括外立面搭设脚手架、外墙喷涂聚氨酯泡体保温材料、更换外窗等。

施工用脚手架沿建筑四周外墙用钢管架设，在建筑地上二层高度用木夹板沿建筑搭建一层防护棚，防止坠物伤人，并可临时堆放建筑垃圾；地上二层及以上层每隔 1.8m 左右高度沿建筑四周架设宽度约为 1m 的施工走廊，用毛竹排作垫板，凹廊部位全部架设；脚手架每隔 6 层（约 4 层楼面高度）铺设木夹板，堆放保温材料及手锯找平作业过程中产生的聚氨酯泡沫碎块、碎屑等杂物；脚手架外侧尼龙网满挂。

11 月，施工方雇佣无证电焊工人将点焊机、配电箱等工具搬至 10 层处，准备加固建筑北侧外立面 10 层凹廊部位的悬挑支撑。该工人在连接好电焊作业的电源线后用点焊方式测试电焊强度是否能作业时，溅落的焊渣物引燃了北墙外侧九层脚手架上找平时掉落的聚氨酯泡沫碎块、碎屑。该工人发现起火后，使用现场灭火器进行扑救，但未扑灭，造成特大火灾事故。

（二）火灾伤亡及损失情况

本次特大火灾发生共造成 58 人死亡、71 人受伤，建筑过火面积 12000m^2，直接经济损失 1.58 亿元。地上 1 层消防控制室、办公室及沿街商铺被烧毁；地上 2 层至 28 层 92 户的室内装修及物品基本被烧毁，56 户被部分烧毁，14 户受高温、烟熏、水渍等破坏；地下室设备房设备及车库内停放的 21 辆汽车全部被水浸泡。

（三）火灾事故原因分析

1. 起火直接原因

施工方雇佣无证电焊工人进行违章电焊作业，电焊溅落的金属熔融物引燃下方 9 层位置脚手架防护平台上堆积的聚氨酯保温材料泡沫碎块、碎屑引发火灾。

2. 起火间接原因

第一，建设单位、投标企业、招标代理机构相互串通、虚假招标、转包和违法分包；第二，工程项目施工组织管理混乱；第三，设计企业、监理机构工作失职；第四，上海市、静安区两级建设主管部门对工程项目监督管理缺失；第五，静安区公安消防机构对工程项目的监督检查不到位；第六，静安区政府对工程项目组织实施工作领导不力。

3. 定性

这是一起因违法违规生产建设行为所导致的特大安全生产责任事故。

（四）火灾责任处理情况

根据国务院批复的意见，依照有关规定，对 54 名事故责任人作出严肃处理，其中，26 名相关责任人被移送司法机关依法追究刑事责任，28 名责任人受到党纪、政纪处分。

同时，国家安全生产监督管理总局依据《安全生产法》、《生产安全事故报告和调查处理条例》等法律和行政法规规定，责成当地有关部门分别向国务院作出深刻检查。由当地安全生产监督管理局对事故相关单位按法律规定的上限给予经济处罚。

（五）事故教训

此次特别重大火灾事故给人民生命财产带来了巨大损失，后果严重，造成了很大的社会负面影响，教训十分深刻。国务院要求各地区、各部门要深刻吸取此次事故教训，深入开展工程建设领域突出问题专项治理，严格落实消防安全责任制，抓紧研究完善建筑节能保温材料防火等技术标准，及时消除安全隐患，切实防止重特大火灾等事故的发生。

（六）违反消防法有关的情况分析

改造工程使用的外墙保温材料不符合住房和城乡建设部、公安部颁布的《民用建筑外墙保温系统及外墙装饰防火暂行规定》，该规定要求建筑高度大于 60m 小于 100m 的非幕墙式住宅建筑，其墙体外保温材料的燃烧性能不应低于 B_2 级，但该工程喷涂的聚氨酯泡沫保温材料的燃烧性能 B_3 级，属易燃材料。

根据现行《中华人民共和国消防法》中第二十一条规定：禁止在具有火灾、爆炸危险的场所吸烟、使用明火。因施工等特殊情况需要使用明火作业的，应当按照规定事先办理审批手续，采取相应的消防安全措施；作业人员应当遵守消防安全规定。进行电焊、气焊等具有火灾危险作业的人员和自动消防系统的操作人员，必须持证上岗，并遵守消防安全操作规程。本工程中的电焊工是负责搭建脚手架的公司人员，从社会上从事电焊作业的包工头处雇佣，无电焊作业资格相关证；电焊动火作业时未办理相应的动火审批手续，也未采取相应的安全防护措施，尤其是在未涂抹防护层的聚氨酯泡沫保温材料部位进行施焊作业，严重违反了操作规定。

（七）事故预防对策

1. 加强消防审核和建筑施工现场的动态检查

（1）限制可燃复合材料的使用量，特别是建筑物内部装修材料，在审核中一定要准确适用规范对各类建筑物内部不同部位应当采用的装修材料。

（2）把好建筑装修电气审核关。重点是防止由于电气设备和线路敷设在有可燃物的闷顶和可燃隔断夹层内而未穿防火阻燃管保护。

（3）依法加强建筑施工现场的动态消防检查。在施工过程中，要针对薄弱环节，重点检查施工现场消防安全责任制落实清理、用火用电和危险品的储存情况、职工宿舍的消防安全、消防器材配备情况。

2. 合理规划施工现场的消防安全布局

（1）针对施工现场平面布置的实际，合理规划各作业区，特别是明火作业区、易燃、可燃材料堆场、危险物品库房等区域，设立明显的标志，将火灾危险性大的区域布置在施工现场常年主导风向的下风向或侧风向。生活区的设置必须符合消防安全管理规定，职工宿舍不得设置在建设工程内部。

（2）尽量采用难燃性的建筑材料，降低施工现场的火灾荷载，提高临时建筑的耐火等级且相互间留有足够的防火间距，宿舍严禁用可燃材料搭设。

（3）确保施工现场消防车道不得少于两处，且宽度不得小于3.5m。同时，不得堆放建筑材料堵塞消防车道，更不得占用消防车道作业。

（4）职工宿舍严禁将窗口封死，保证应急人员出入畅通、安全，并配置一定数量的消防器材。

3. 实行严格消防安全管理

（1）督促施工单位认真贯彻落实《机关、团体、企业、事业单位消防安全管理规定》。

（2）确定法定代表人或非法人单位的安全负责人，对施工现场的消防安全工作全面负责，成立义务消防安全组织，负责日常防火巡查工作和对突发事件的处理，同时指派专人负责停工前后的安全巡视检查，重点巡查有无遗留电火源、明火等安全隐患。

（3）确保施工单位层层落实消防安全责任制，形成纵向到底，横向到边的严密消防工作网络。

4. 配备消防器材，加强消防安全宣传

为防患于未然，建筑施工工地，无论规模大小，都应配备灭火器材，针对建筑工地的施工人员大部分文化水平较低且民工较多的现状，施工单位要有针对性地进行宣传教育和自防自救培训，并从加强管理入手，工地重要部位应设警示标志和防火宣传标志，并加强工地管理人员的消防安全培训，提高消防意识和技能水平。

参考文献

［1］ 中华人民共和国城乡建设部.GB50016—2014建筑设计防火规范［S］.北京：中国计划出版社，2015.

［2］ 虞朋，虞献南.建筑设计规范常用条文速查手册［S］.北京：中国建筑工业出版社，2010.

［3］ 中华人民共和国国家质量监督检验检疫总局，中国国家标准化管理委员会.GB25201—2010建筑消防设施的维护管理［S］.北京：中国标准出版社，2011.

［4］ 中华人民共和国国家质量监督检验检疫总局，中国国家标准化管理委员会.GB/T 29639—2013生产经营单位安全生产事故应急预案编制导则［S］.北京：中国质检出版社，中国标准出版社，2013

［5］ 本书编委会.建筑施工现场消防安全管理手册［M］.北京：中国建筑工业出版社，2012.

［6］ 建筑施工特种作业人员培训教材编写委员会.特种作业安全生产基本知识［M］.北京：中国建筑工业出版社，2017.

［7］ 建筑工人职业技能培训教材编写委员会.建筑工人安全知识读本［M］.北京：中国建筑工业出版社，2015.

［8］ 消防工程系列丛书编写委员会.消防工程施工现场要点［M］.北京：中国建筑工业出版社，2016.

［9］ 中华人民共和国住房和城乡建设部.GB 50720—2011建设工程施工现场消防安全技术规范［S］.北京：中国计划出版社，2011.